Liqing Lumian Shouli Fenxi

沥青路面受力分析

yu Jiegou Fanglie Jishu

与结构防裂技术

张晓亮　编著

人民交通出版社股份有限公司
China Communications Press Co.,Ltd.

内容提要

针对当前沥青路面易发生早期破坏、导致使用寿命缩短的现状，本书从低剂量水泥稳定碎石基层、级配碎石基层结构及材料、土工材料防治反射裂缝机理及效果评价、玄武岩纤维增强沥青混凝土性能等方面入手进行研究，主要目的是解决半刚性基层沥青路面开裂病害难题，试图从材料和结构两方面提出可行的技术方案。

本书可供从事沥青路面施工、养护人员参考使用，也可作为公路技术人员认知学习用书。

图书在版编目（CIP）数据

沥青路面受力分析与结构防裂技术 / 张晓亮编著.
—北京：人民交通出版社股份有限公司，2016.6

ISBN 978-7-114-13142-4

Ⅰ.①沥… Ⅱ.①张… Ⅲ.①沥青路面—防裂—研究
Ⅳ.①U416.217

中国版本图书馆 CIP 数据核字(2016)第 144365 号

书　　名：沥青路面受力分析与结构防裂技术
著 作 者：张晓亮
责任编辑：刘　倩
出版发行：人民交通出版社股份有限公司
地　　址：(100011)北京市朝阳区安定门外外馆斜街 3 号
网　　址：http://www.ccpress.com.cn
销售电话：(010)59757973
总 经 销：人民交通出版社股份有限公司发行部
经　　销：各地新华书店
印　　刷：北京中石油彩色印刷有限责任公司
开　　本：880×1230　1/32
印　　张：4.25
字　　数：106 千
版　　次：2016 年 6 月　第 1 版
印　　次：2016 年 6 月　第 1 次印刷
书　　号：ISBN 978-7-114-13142-4
定　　价：22.00 元

前言

PREFACE

近年来虽然我国公路建设发展较快，但由于高速公路建设起步晚，技术储备少，经济基础差，再则我国国土幅员辽阔，气候和交通荷载条件恶劣，我国各等级公路超载问题突出，使得公路早期破坏十分严重，有些公路甚至通车才几年就不得不进行大规模维修。路面材料与公路使用寿命密切相关，经调查，我国高速公路路面约有95%为沥青混凝土路面。沥青路面普遍存在一个棘手的问题，就是易发生早期损坏，导致使用寿命缩短。现有公路的实际使用寿命普遍短于其设计使用寿命。

针对现代交通速度快、路面交通密度大、轴载重、渠化交通明显的特点，为了降低沥青路面的早期破坏，延长路面的使用寿命，科研人员研发出了诸如高强沥青、改性沥青、SMA等沥青路面新技术。虽然SMA、改性沥青具有较好的性能，但价格不菲，同时需增添设备，增加了施工难度，一时还难以推广。众所周知，沥青混合料具有明显的黏弹性特性，其强度和刚度随温度不同差别很大。而在混合料中添加纤维后，高温时纤维对沥青起到稳定和加筋作用，可提高混合料的高温性能；低温时加入的纤维可分散荷载与温度应力，而且较大的沥青用量可增大混合料的柔性，混合料的低温性能得以提高；常温时纤维的桥接加强作用使混合料有较强的耐疲劳性能；较厚的沥青膜，增强了混合料的耐水害性能。总之，纤维的加入，可提高混合料各方面的路用性能。因而，在沥青混凝土中加入纤维以改善沥青路面的使用性能，近年来得到了越来越多的重视和应用。

在我国应用广泛的纤维有木质素纤维、以聚酯纤维为代表的有机纤维和石棉纤维。木质素纤维以其对沥青高吸持性，在改善沥青性能方面得到广泛使用，但是考虑到我国木材原料紧缺，以及对比于聚酯纤维的“加筋”作用等，木质素纤维大范围使用受到了限制。近几年，聚酯纤维因其对沥青混合料路用性能的大幅度提高得到广泛的应用，但我们知道，使用聚酯纤维会使公路成本增加，而且有机纤维存在其无法克服的耐火性能差的缺点，进而人们的目光转向矿物纤维。石棉纤维是最早使用的矿物纤维，它的最大优点是成本低廉、资源丰富、使用方便，但它对人们的呼吸系统有较大的危害，可引起硅肺、支气管癌等疾病，国际上许多国家现已禁用。所以，现在急需一种来源广泛、价格低廉、无污染且又能显著提高沥青混合料的路用性能的纤维，此时玄武岩纤维进入人们的视线，它的出现进一步完善了路面结构防裂技术。

本书由河北衡水路桥工程公司高级工程师张晓亮编著，本书在编写过程中得到了交通运输部公路科学研究院副院长常行宪，人民交通出版社股份有限公司公路职教出版中心主任卢仲贤、副主任丁润铎，河北交通职业技术学院田平、马彦芹、史恩静、张庆宇以及东南大学交通学院副院长顾兴宇等大力支持与帮助，在此深表谢意。

由于作者水平所限，书中难免有不当之处，敬请读者批评指正。

作者

2016 年 3 月

目录

CONTENTS

1 绪　　论

1.1 研究的意义

近年来,我国交通事业突飞猛进,截至“十二五”末的2015年年底,我国公路总里程达到457.73万公里,二、三级公路在我国公路网中占比约为20%。建设好二、三级公路,对于提高路网通行能力、改善公路通达情况、促进地区经济发展有十分重要的作用。

我国二、三级公路,一般采用半刚性基层和较薄的沥青面层,路面总厚度比高等级公路要薄。半刚性基层模量较大,能提高路面的整体承载能力,但是半刚性材料具有明显的干缩和温缩性质,容易产生裂缝。基层裂缝在车辆荷载和降温的作用下会反射到沥青面层上来,形成反射裂缝。反射裂缝是引起我国沥青路面早期损坏的主要原因,二、三级公路面层较薄,反射裂缝更为严重。当基层出现裂缝后,由于面层较薄,在轴载作用下,层底弯拉应力保持较高水平,车辆反复作用会引起沥青面层疲劳开裂。面层疲劳裂缝也是薄层沥青路面主要病害之一。反射裂缝和疲劳裂缝产生于面层底部,修复起来十分困难。另外,面层出现裂缝后,雨雪降水沿裂缝下渗,影响基层稳定,进而导致路面出现其他破坏。

综上所述,面层裂缝是二、三级公路的主要病害,尤其是半刚性基层温缩干缩引起的反射裂缝更是值得关注。因此,研究薄层沥青路面的裂缝防治方法,对于提高低等级公路建设质量、延长二、三级公路使用寿命,具有十分重要的意义。

通过室内试验、力学分析和修筑试验路，分别研究级配碎石、低剂量水泥稳定碎石基层、纤维加筋面层和土工布，对防治薄层沥青反射裂缝的作用，从几种不同路面结构的力学性能、防裂机理及结构设计方法等方面，评价不同结构处治方法对薄层沥青路面裂缝的防治效果。

1.2 国内外现状

半刚性基层沥青路面的反射裂缝是造成我国沥青路面早期损坏的主要原因。在半刚性基层和沥青面层之间设置级配碎石联结层或采用纯柔性基层的路面结构，是目前公路界比较看好的从结构上根治反射裂缝的方法。我国早在“七五”期间就修筑了很多试验路进行研究，如河北正定试验路改性沥青应力吸收中间层与级配碎石基层防裂对比研究，西安试验路级配碎石基层防裂研究，沪宁高速无锡段试验路级配碎石基层防裂研究等。这些试验路裂缝的观测结果表明，在半刚性基层上设置一定厚度的级配碎石层可以有效地防治反射裂缝。

东南大学通过 CBR 试验、室内静三轴试验和动三轴试验研究了级配碎石的力学性能，采用有限元法分析了采用级配碎石联结层防治反射裂缝的机理。已有研究结论表明，为了获得高强度、高密度和良好排水性的级配碎石基层，宜采用集料颗粒分布相对稍粗的密实级配碎石。集料最大粒径为 37.5mm 时，5mm 筛的累计通过率宜在 40% 左右，0.5mm 筛的累计通过率宜不大于 15%，0.075mm 筛累计通过率宜为 5% ~6%。综合考虑防治反射裂缝和提高路面整体强度，级配碎石联结层厚度以取 15mm 为宜。

虽然级配碎石可以有效地防治反射裂缝，但由于担心设置级配碎石层会引起沥青面层疲劳开裂和产生车辙，目前级配碎石在我国应用并不广泛，只是停留在室内试验和试验路阶段。另外，目前国内对级配碎石的研究大多是针对具有较厚沥青面层的高等级公路，针对薄层沥青路面的研究很少。

级配碎石在国外却是一种比较常见的筑路材料，德国典型的路面结构是采用沥青混凝土与级配碎石组合，如图1-1所示。

美国和日本沥青路面常以较厚的沥青稳定碎石作为基层，并以级配碎石或其他无结合料处治粒料作为底基层。澳大利亚沥青路面常在半刚性材料和沥青面层间设置一层级配碎石防治反射裂缝，典型的路面结构如图1-2所示。

沥青面层(2.5cm)
联结层(3.5cm)
粒料基层(60cm)
稳定土(90cm)
路基

图1-1　德国典型的路面结构

沥青面层(7.5cm)
级配碎石(15cm)
石灰稳定砂(30cm)
补强层(25cm)
路基

图1-2　澳大利亚典型的沥青路面结构

根据国外沥青路面的使用情况，在半刚性基层与沥青面层间设置级配碎石层或直接采用柔性基层可以从根本上防治反射裂缝，从而使路面具有较长的使用寿命，因设置级配碎石层引起面层疲劳开裂的情况并不多见。

在沥青面层和半刚性基层之间铺设一层土工材料是另外一种常用的防裂措施。目前常用的土工材料主要有土工格栅和土工布（如聚酯玻纤布）两种。其中，土工格栅具有抗拉强度较高、延伸率低、热稳定性好、与沥青相容性好、物理化学性质稳定等特点，但土工格栅的网格化使得其受力呈现点线分布，且不能阻止雨水进入基层，目前使用已经开始减少。聚酯玻纤布是由聚酯纤维和玻璃纤维按照一定的比例和工艺成型的土工材料，除了具有一般土工格栅的优点外，还具有高弹性模量、高韧性、整体受力与优异的防水能力等特点，目前得到了比较广泛的应用。

公路工作者除了从结构上探讨防治反射裂缝的措施外，还把目光投到了改善水泥稳定碎石基层自身的收缩性能上。根据东南大学交通学院的研究，水泥剂量是影响水泥稳定碎石基层干缩、温缩特性的最主要因素,减少水泥用量可以有效减少水泥稳定碎石基层的收缩系数,从而减少基层收缩裂缝,最终达到减少、消除沥青路面反射裂缝的目的。我国《公路路面基层施工技术规范》(JTJ 034—2000)❶规定,水泥稳定碎石的水泥剂量为 3% ~ 7% 。目前在高速公路水泥稳定碎石基层施工中,倾向于使用较低的水泥剂量,从施工情况来看,采用 5% 水泥的水泥稳定碎石基层裂缝率远大于采用 3.5% 水泥的水泥稳定碎石基层。目前,国内科研和施工中水泥稳定碎石基层所用的水泥用量都在 3.0% 以上,水泥用量低于 3.0% 的低剂量水泥稳定碎石基层的收缩特性、力学性能等还有待研究。其次,提高薄层沥青混凝土的抗裂性能也是减少或者延缓反射裂缝的有效手段,通过在混凝土中掺加高性能纤维对沥青混凝土进行加筋,可以有效提高沥青混凝土的疲劳性能、抗裂性能,从而达到延缓反射裂缝的目的。

1.3 本书研究的主要内容

选择河北省蔚县西环路北坝桥至稻地段作为试验段,常规路面结构层为:5cm 中粒式沥青混凝土 + 18cm 水泥稳定碎石基层 + 16cm 水泥砂砾底基层 + 40cm 砂砾垫层,路面宽 31m。试验段落安排如图 1-3 所示。

(1)低剂量水泥稳定碎石基层力学参数、收缩性能研究及结构设计

低剂量水泥稳定碎石采用 2.5% ~5% 不等剂量的水泥用量,通过不同级配水泥稳定碎石的 7d 无侧限抗压强度试验、28d 无侧限抗压强度试验,提出低剂量水泥稳定碎石合理的强度指标和适用于二、三等级公路的合理水泥剂量。

通过制备 2.5% ~5% 不同剂量水泥稳定碎石试件,进行水泥

❶ 已被《公路路面基层施工技术细则》(JTG/T F20—2015)替代,该规范于 2015 年 8 月 1 日起施行。

常规段落1.1km	玄武岩纤维加筋段 0.6km	玄武岩纤维布贴缝 0.6km	低剂量水泥稳定碎石基层0.6km	级配碎石0.6km
5cm中粒式沥青混凝土	5cm加筋沥青混凝土	5cm中粒式沥青混凝土	5cm中粒式沥青混凝土	5cm中粒式沥青混凝土
18cm水泥稳定碎石基层	18cm水泥稳定碎石基层	18cm水泥稳定碎石基层	18cm低剂量水泥稳定碎石基层	15cm级配碎石层
16cm二灰砂砾底基层	16cm二灰砂砾底基层	16cm二灰砂砾底基层	16cm二灰砂砾底基层	19cm二灰砂砾底基层
40cm砂砾垫层	40cm砂砾垫层	40cm砂砾垫层	40cm砂砾垫层	40cm砂砾垫层

图1-3　试验段落安排

稳定碎石基层层的温缩试验和干缩试验，研究水泥稳定碎石的收缩性能与水泥剂量的关系，结合强度试验的结果，确定最佳的水泥剂量。

铺筑2.5%水泥剂量的水泥稳定碎石试验路，综合低剂量水泥稳定碎石的力学性能、收缩性能和试验路应用情况，进行路面力学分析，提出低剂量水泥稳定碎石基层的合理层位、厚度以及薄层沥青路面的结构方案。

(2)玄武岩纤维增强沥青混凝土性能研究

在对短切玄武岩纤维性能研究的基础上，在沥青混凝土中掺加一定剂量的玄武岩纤维，通过室内试验，研究其高温稳定性、低温抗裂性、水稳定性、力学性能等，并与木质素纤维、聚酯纤维的加筋效果进行综合比较。

在室内试验的基础上，通过现场试验路铺筑，总结玄武岩纤维加筋沥青混凝土的施工工艺。

(3)级配碎石柔性排水基层研究

通过密度试验、承载比(CBR)试验、动态三轴试验，研究级配、含水率等对级配碎石力学性能的影响，并结合国内外有关规范，确定级配碎石合理的级配范围和含水率。

根据级配碎石的力学性能，在力学分析和经济技术分析的基础上，提出级配碎石的合理层位和厚度。

(4)聚酯玄武岩纤维布的开发及防治反射裂缝机理分析

总结国内外有关土工材料的应用情况，从断裂力学的角度分析路面开裂的方式及机理，总结土工材料对防治裂缝发展的作用机理。开发聚酯玄武岩纤维布，并通过室内试验进行加筋沥青混凝土的性能研究。

在总结断裂力学相关理论的基础上，应用有限元分析方法，分析带裂缝沥青路面在车辆荷载作用下裂缝端部的应力集中现象，以及不同路面结构、不同加载方式对裂缝发展的影响，并在此基础上，对铺设了土工布的路面结构层进行力学分析。

2 低剂量水泥稳定碎石基层研究

2.1 概述

自1974年在辽宁省沈抚南线上首次铺筑十几公里的水泥稳定砂砾以来，水泥稳定材料在我国得以大规模的应用和研究。特别是近年来，随着高等级公路的不断修建，水泥稳定材料以其强度高、稳定性好、抗冲刷能力强等特点被广泛应用于高等级公路的基层或底基层。已有试验研究表明，随着水泥剂量的增大，水泥稳定粒料的强度增大，常规水泥剂量的剂量与抗压强度关系曲线如图2-1所示。据统计，我国的高等级公路中90%以上是半刚性基层沥青路面，而半刚性基层中水泥稳定碎石占很大的比例。

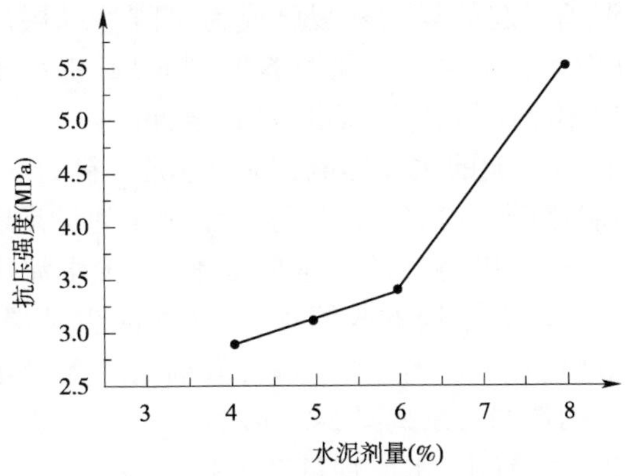

图2-1 水泥稳定碎石常规水泥剂量与抗压强度关系

随着水泥稳定材料在高等级公路中的广泛应用，其众多优点背后的一些不足也逐渐暴露出来，主要表现为由反射裂缝引起的早期损坏。水泥稳定碎石是一种整体性材料，在强度形成初期和使用过程中容易产生干缩裂缝和温缩裂缝，一些工程在铺下面层之前水泥稳定基层就出现了大量裂缝，铺筑面层后，在车辆荷载和环境因素的作用下，基层裂缝会反射到面层上来，形成反射裂缝。

半刚性基层裂缝，主要是由干燥收缩引起的干缩裂缝和温度收缩引起的温缩裂缝。水泥稳定材料作为路面基层材料，在建成初期，由于水分的蒸发和昼夜温差的变化产生相应的干燥收缩和温度收缩，随着水分蒸发、温度交变的继续，收缩进一步扩大。在沥青面层和底基层上下面摩擦阻力限制和基层材料收缩的联合作用下，基层材料内部产生拉应力。早期水泥稳定材料的抗拉能力比较弱，由收缩引起的拉应力超过基层材料的抗拉强度时，便产生开裂。

在我国的《公路路面基层施工技术规范》(JTJ 034—2000)中，对水泥稳定碎石混合料的强度要求为：试件的 7d 无侧限饱水抗压强度，对高速公路和一级公路达到 3 ~ 5MPa，对二级或二级以下公路则为 2.5 ~ 3MPa。但规范对干缩、温缩却没有相应的规定，而干缩、温缩引起的早期开裂已成为半刚性基层沥青路面的主要缺陷，如何解决半刚性基层材料开裂问题，提高半刚性基层沥青路面的使用品质是当前所面临的重要课题。

混合料收缩性能的主要影响因素，是混合料的水泥用量、外加剂掺量、集料级配和粉煤灰含量等。而水泥剂量是影响水泥稳定碎石基层干缩、温缩特性的最重要因素，减少水泥用量可以有效减少水泥稳定碎石基层的收缩系数，从而减少基层收缩裂缝。当然，低水泥剂量对强度有一定影响，低剂量水泥稳定碎石的抗压强度与水泥剂量的关系如图 2-2 所示。

从图 2-2 可以看出，水泥剂量在 1% ~ 2% 时强度增长缓慢，在 2% ~ 4% 时强度呈现快速增长的趋势。当水泥剂量为在1% ~ 2% 时，由于水泥剂量太少，水泥在水泥稳定碎石试件中所起的作用主要为胶结作用，而并没有使试件的强度得到质的增加，这时的水泥稳定碎石相当于级配碎石,但相对于级配碎石,它有更好的整体性。而当水泥剂量进一步增加,水泥的强度作用得以发挥,随水泥剂量的增加水泥混凝土强度快速增长。因此有必要研究水泥剂量在这一区间时水泥稳定碎石基层的物理和力学性能。

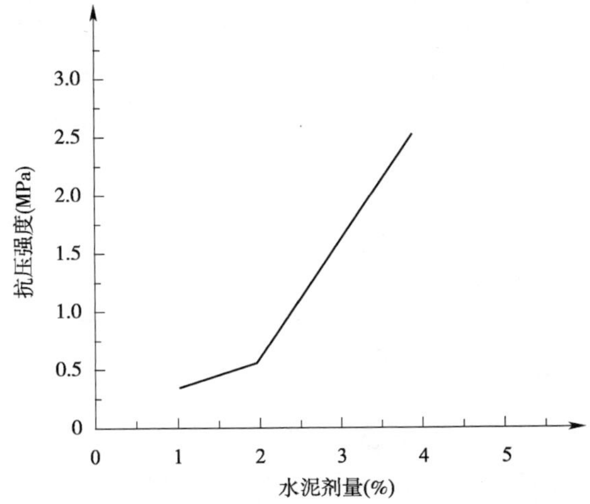

图 2-2 低剂量水泥稳定碎石抗压强度与水泥剂量关系

此次试验主要研究水泥稳定碎石水泥剂量、强度、抗裂性能间的关系,探讨低剂量水泥稳定碎石在低等级公路中应用的可能性。

2.2 原材料性能

2.2.1 水泥性能

水泥性能是水泥稳定碎石基层材料性能的主要影响因素之一。应用于公路路面基层的水泥稳定碎石混合料的水泥,主要是普通硅酸盐水泥,我国现行国家标准对其细度、标准净浆稠度、凝结时间、体积安定性和强度均有明确的规定。

对该试验路所用的 32.5P · O 复合硅酸盐水泥进行水泥的常规试验,得到各指标值如表 2-1 所示。经检验,试验所用水泥符合

32.5P·O 水泥技术要求。

水泥技术检测指标　　表 2-1

水泥性能		实测值	技术要求
初凝时间(h:min)		3:20	不早于 1.5h
终凝时间(h:min)		5:20	不迟于 10h
安定性[雷氏法(C－A)mm]		合格	蒸煮法检验必须合格
细度(0.08mm)		3.2	筛余量不得>10%
3d 强度(MPa)	抗压	17.6	≥12.0
	抗折	3.4	≥2.5
28d 强度(MPa)	抗压	35.0	≥32.5
	抗折	7.5	≥5.5

2.2.2 集料性能

集料是影响水泥稳定碎石基层混合料性能的又一关键因素。集料试验包括集料粒径大小、颗粒组成的筛分试验以及检验颗粒强度大小的压碎值试验。

根据《公路工程集料试验规程》(JTJ 058—2000)❶检验了集料的压碎值及粒径小于 0.6mm 颗粒的液限和塑性指数。集料的各项性能指标如表 2-2 所示,经检验集料各项指标均满足规范要求。

集料技术指标值　　表 2-2

项目	液限(%)	塑性指数	压碎值(%)	视密度(g/cm³)			
				1~3 石子	1~2 石子	1~0 石子	天然砂
实测值	18.7	6.4	20.2	2.7	2.7	2.7	2.598
规范要求	<28	<9	<35	—	—	—	—

图 2-3 为《公路路面基层施工试验规范》(JTJ 034—2000)关于沥青路面水泥稳定碎石基层混合料级配范围。通过室内掺配,得出

❶ 已被《公路工程集料试验规程》(JTG E42—2005)替代,该规范于 2005 年 8 月 1 日起施行。

集料级配如表 2-3 所示，试验所采用的级配处于规范级配范围内。

两种集料级配组成(单位:%)　　　　表 2-3

筛孔尺寸(mm) 级配类型	31.5	26.5	19	9.5	4.75	2.36	0.6	0.075
上限级配	100	100	89	67	49	35	26.0	7
下限级配	100	90	72	47	29	17	8	0
中值级配	100	95	80.5	57	39	26	15	3.5
合成级配	100	99.1	79.8	57.4	41.2	25	17.4	0.5

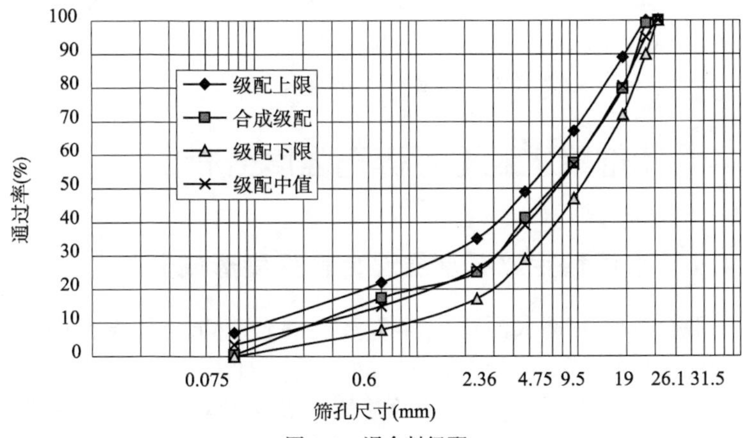

图 2-3　混合料级配

2.3　混合料击实试验

混合料试件成型前，要确定混合料的最佳含水率(w_0)和最大干密度(ρ_d)。试验方法按照《公路工程无机结合料稳定材料试验规程》(JTJ 057—94)❶击实试验的丙法：分 3 层重型击实，每层击 98 下，然后测试其实际含水率并计算相应的干密度。绘制击实曲

❶　已被《公路工程无机结合料稳定材料试验规程》(JTG E51—2009)替代，该规范于 2010 年 1 月 1 日起实施。

线，根据曲线即可定出该混合料的最佳含水率（w_0）和最大干密度（ρ_d）。图2-4为以2.5%的水泥剂量按不同含水率成型试件，测得的最佳含水率与最大干密度的曲线图。从图中可以看出最佳含水率和最大干密度分别为5.5%和2.27g/cm^3。

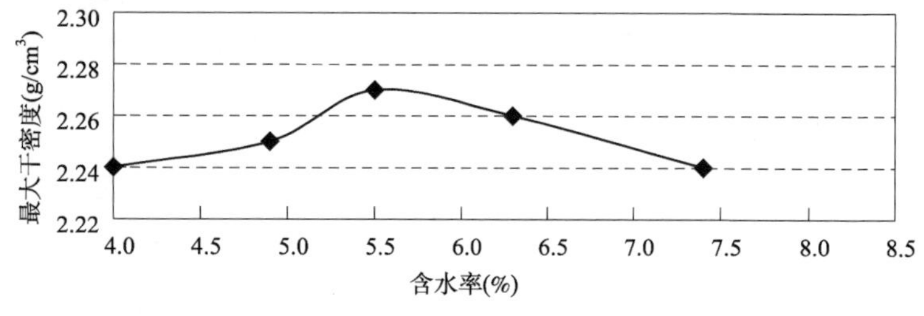

图2-4　含水率与干密度关系曲线

2.4　低剂量水泥稳定碎石强度分析

2.4.1　水泥稳定碎石基层混合料强度形成分析

混合料强度是水泥稳定碎石基层混合料配合比设计中的重要指标，是进行混合料组成设计的基础。对于基层，首先要满足承重传荷的作用，其路用性能的其他方面必须在满足强度的基础上加以改善和提高。

水泥中的各种化合物遇水后，会发生水化、凝结和硬化作用，生成物与集料胶结，经养生形成一定强度的整体材料。

1）水泥水化

（1）硅酸三钙（C_3S）

生成的水泥硅酸钙呈凝胶状态，其钙硅比与反应过程液相中$Ca(OH)_2$的浓度、温度等因素有关。在水泥的几种有效成分中，硅酸三钙是水泥强度的主要来源。

（2）硅酸二钙（C_2S）

硅酸二钙水化速度较硅酸三钙慢，在饱和溶液中水化速度显著降低。水化硅酸钙在高温高压下可由胶体状态转变为晶体状态，而常温下，需经长期硬化才可转变为晶体。

(3)铝酸三钙(C_3A)

铝酸三钙遇水很快发生剧烈的水化反应，是各种组分中热量最大且反应最快的物质，生成大量的方板状水化铝酸钙，反应式为：$3CaO \cdot Al_2O_3 + 6H_2O \rightarrow 3CaO \cdot Al_2O_3 \cdot 6H_2O$。

(4)铝酸四钙(C_4AF)

铝酸四钙对材料抗折有利，能提高混合料的抗折强度。C_4AF的水化反应为：$4CaO \cdot Al_2O_3 \cdot Fe_2O_3 + 4H_2O \rightarrow 3CaO \cdot Al_2O_3 \cdot H_2O + CaO \cdot Fe_2O_3 \cdot H_2O$。

(5)石膏($CaSO_4 \cdot H_2O$)

水泥中的 C_3S 遇水后，迅速溶解成 $Ca(OH)_2$，并很快形成饱和溶液。此时，石膏也溶于水，形成石膏溶液。C_3A 先与 $CaSO_4$ 作用，生成并析出难溶的针状三硫型水化硫铝酸钙，亦称钙矾石。当石膏消耗殆尽或者其溶解度低于水化硫铝酸钙结晶速度时，一部分水化硫铝酸钙会析出 $CaSO_4$，形成六方板状的单硫型水化硫铝酸钙。

2)水泥凝结硬化

水泥经水化生成各种水化物，随时间推延，逐渐凝结硬化成为一定强度的石状体。这个过程经历以下四个阶段：

(1)初始反应期

与水接触后，水泥中的各种化合物开始水化，释放出 $Ca(OH)_2$，溶解于水中，使 pH 值增大，析出晶体。另外，暴露在水泥颗粒表面的铝酸盐矿物也溶解于水，并与已溶解的石膏反应，形成钙矾石结晶析出。

(2)潜伏期

初始反应期后一段时间，水泥浆体的放热速率一直很低，此间，水泥颗粒表面有一层以凝胶为主的渗透膜层，因此水化反应较慢。

(3)凝结期

潜伏期后，由于渗透层的作用，水泥微粒表面的膜层破裂，水泥微粒进一步水化，放热随之增大。在这阶段，主要水化产物有

$Ca(OH)_2$、C-S-H 凝胶等。由于水化物的体积增加,使水泥浆体的孔隙逐渐减小。

(4)硬化期

凝结期后,随着放热量的减小,水化的速率也就放慢,硫酸盐离子耗尽,铝、铁氧化物开始形成,C-S-H 凝胶形成短纤维。水化产物进一步填充孔隙,浆体强度不断增长。水泥硬化可以持续很长时间,在适当温度、湿度养护下,强度会继续增大。

经过大量复杂的物理化学反应,水泥中的各种化合物最终生成钙矾石、各种铝铁氧化物、C-S-H 纤维以及六角形的 $Ca(OH)_2$,胶结在集料表面或相互交错形成整体的、具有一定强度的水泥稳定材料。

2.4.2 水泥稳定碎石混合料无侧限抗压强度分析

按照《公路工程无机结合料稳定材料试验规程》(JTJ 057—94)进行 7d 和 28d 无侧限抗压强度试验。我国《公路沥青路面设计规范》(JTJ 014—97)❶规定:高速公路或一级公路基层的水泥稳定碎石混合料 7d 无侧限抗压强度为 3 ~ 5MPa,二级或二级以下则为 2.5 ~ 3MPa。

就基层应力而言,规范要求混合料 7d 无侧限饱水抗压强度要达到 3MPa,这远大于行驶在公路上车辆的轮压(0.8MPa 左右),进一步考虑轮压随深度增加逐渐减小,实际基层所承受到的应力更小,所以对基层而言,由轮压引起的竖向应力是相当小的。即使考虑到车辆的动荷作用(动荷系数一般不超过 1.30),基层受到的由车辆荷载引起的应力也比较小。

此项研究对不同剂量水泥分别做了 7d、14d、28d 无侧限抗压强度,水泥稳定碎石强度与水泥用量、龄期的关系如图 2-5 所示。

---

❶ 已被《公路沥青路面设计规范》(JTG D50—2006)替代,该规范于 2007 年 1 月 1 日起实施。

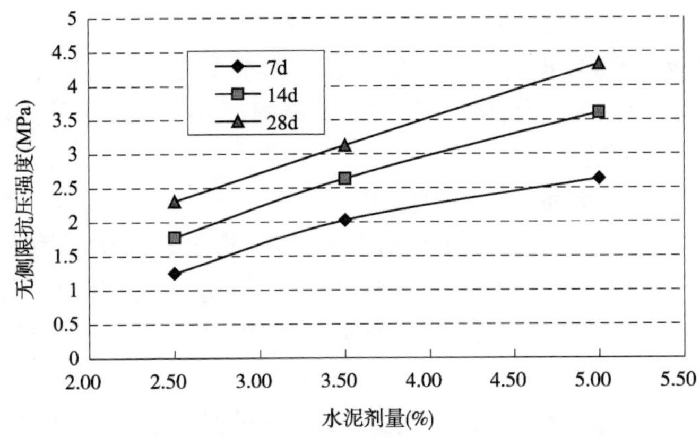

图 2-5　水泥稳定碎石强度与水泥用量、龄期的关系

由图2-5可以看出,当水泥剂量达到2.5%后,随着水泥剂量的增加,水泥稳定碎石基层的强度呈线性增加,这与以前的研究结论还是相当一致的。此外,养护龄期对强度的影响非常明显,对于水泥剂量为2.5%的情况,28d的无侧限抗压强度约为7d时的2倍,因此对于此类半刚性基层材料,要十分注重养生保护。

2.5　水泥稳定碎石混合料基层收缩性能研究

2.5.1　收缩机理的微观分析

水泥稳定碎石基层混合料的收缩是导致沥青路面出现早期裂缝的主要原因,尤其当沥青面层较薄时,反射裂缝的现象更为明显。为减轻水泥稳定碎石基层沥青路面的裂缝病害,研究水泥稳定碎石基层混合料收缩机理和收缩规律尤为重要。现从微观角度,对混合料的干、温缩的产生机理分别加以论述。

1)干燥收缩机理

干燥收缩是指水泥稳定碎石基层材料内部含水率变化而引起的体积收缩现象。引起这种宏观体积收缩的原因,一般可归纳为以下四个方面。

(1)毛细管张力作用

当水分蒸发时,大量存在于混合料微裂缝内部的水体积减小,产生毛细管压力,随着毛细管半径的减小,毛细管压力增大,从而产生收缩。

(2)吸附水和分子间力作用

毛细水蒸发完后,由于相对湿度减小,混合料中的吸附水开始蒸发,使颗粒表面水膜变薄、颗粒间距变小、分子间力增大,在分子吸引作用下,晶粒间距也减小,表现为宏观体积的进一步收缩。

(3)层间水作用

混合料经水化、蚀化作用,生成大量的晶体如 C-S-H、C-A-H,它们和混合料中本身包含的非晶体层与层之间,存在着大量的层间水或水化离子。由于相对湿度下降,毛细水进一步蒸发,致使层间水也随之蒸发,晶格间距减小,从而引起材料的宏观收缩。

(4)碳化作用

碳化作用是指混合料中游离的 $Ca(OH)_2$ 在与 CO_2 反应并生成 $CaCO_3$ 过程中,析出水分而引起的体积收缩。

此外,集料所含水分蒸发致使集料颗粒体积的减小,也是引起混合料整体收缩的一个因素。水泥稳定碎石基层混合料干燥收缩主要取决于:

①水泥用量。水泥用量多,最佳含水率就高,干燥收缩也相应较大。

②集料级配。级配较粗,最佳含水率高,干燥收缩也相应较大。

③结合料的矿物成分和分散度。结合料的颗粒越小,分散度越大,比表面积越大,材料也就有较大的收缩。

④养生条件与龄期。养生条件好,例如施工时用塑料薄膜覆盖刚摊铺好的半刚性基层,则水分就不易蒸发,干燥收缩较小;另外,随龄期增长,混合料孔隙减小,强度、刚度增大,干燥收缩也就减小。

2)温度收缩机理

水泥稳定碎石基层混合料是由固相(各种原材料颗粒和生成的凝胶体)、液相(游离于固体颗粒空隙间的重力水、孔隙中的毛细水和吸附在固体颗粒表面的结合水)、气相(孔隙中的空气)组成的三相体。混合料的温度收缩是指混合料因温度降低而产生的整体体积缩小现象。对于混合料温缩机理可从以下两个方面加以研究。

(1)固体颗粒的热胀缩性

水泥稳定碎石基层混合料的固相,由原生矿物和次生矿物组成。不同矿物具有不同的温缩系数,一般来说,原生矿物的线膨胀系数较小,而原材料中黏土矿物和新生矿物温度胀缩性较大。例如,经火山灰反应和水泥水化后生成的 C-S-H、C-A-H 等凝胶体具有较大的热胀性,温缩系数 $\alpha_t = (10 \times 10^{-6} \sim 20 \times 10^{-6})/℃$。混合料整体的热胀性是各组成单元体间相互作用的"综合效应"。表2-4 列出了不同微观颗粒的热胀缩系数。各种颗粒不同的热胀缩系数组成了宏观上混合料的温缩系数,见式(2-1)。

水泥稳定碎石混合料各组成物质的热胀缩系数　　表2-4

类　别	主要物质	热胀缩系数($\times 10^{-6}/℃$)
集料	碎石及矿物	5 ~ 13
胶结物	$CaCO_3$	6 ~ 25
	$Ca(OH)_2$	9.8 ~ 33
	C-S-H、C-A-H 凝胶	10 ~ 20

混合料的整体温缩系数可由式(2-1)定义为:

$$\alpha_t \approx \frac{E_1\gamma_1\alpha_1 + E_2\gamma_2\alpha_2 + \cdots}{E_1\gamma_1 + E_2\gamma_2 + \cdots} \tag{2-1}$$

式中:α_t——水泥稳定碎石混合料整体热胀缩系数;

γ_i——各种集料、结合料的体积百分率;

E_i——各种集料、结合料的弹性模量;

α_i——各种集料、结合料的线膨胀系数。

由式(2-1)可看出,影响水泥稳定碎石材料温缩性能的主要因素是各组成矿物单元在混合料中的含量和热胀缩性质,以及结构的强度。

(2)水对混合料温缩的影响

半刚性基层混合料中，广泛分布着各种大孔隙、微孔隙和凝胶孔等孔隙，混合料中的水存在于这些孔隙中，并通过扩散作用、毛细管张力作用以及冰冻作用来影响整体的温度收缩。水的胀缩性系数在不同的温度下有较大差异，其值为（70～210）×10^{-6}/℃。水在冰点温度以下冻结，体积增大9%，而其他固相材料随着温度的降低，体积减小，两者抵消一部分，故此时混合料的温缩系数比其他温度区间的温缩系数要小。因此，水对混合料温缩性能的影响是：当温度高于冰点时，水的存在会使其温缩系数显著增大；当温度低于冰点时，在含水率较大的情况下，水的冻结会引起整体材料膨胀，从而使其温缩系数减小。

以上是从组成水泥稳定混合料的各种结合料的种类及性质，以及收缩性能等方面，在微观的角度上，分析了水泥稳定碎石混合料的温缩性能。

2.5.2 干缩性能试验研究

按最佳含水率和最大干密度制备混合料，闷料4h后，按所需混合料质量制作100mm×100mm×400mm的梁式试件。脱模后放入养护室，保温、保湿养护7d后，进行干缩试验。

试验中混合料干缩应变的测量用电测法，将80mm标距、120Ω的电阻应变片对称粘贴于梁试件的两个侧面，两个应变片之间为串联电路，并与温度补偿片及转换箱、静态应变处理仪相连，构成平行半桥电路。

干缩系数是指单位含水率变化条件下材料的线膨胀系数。若一定温度下，两相邻测点测得的材料干燥收缩应变为ε_i、ε_{i+1}，对应的混合料含水率为w_i、w_{i+1}，则该区段的平均干缩系数为：

$$\bar{\alpha} = \frac{\varepsilon_{i+1} - \varepsilon_i}{w_{i+1} - w_i} \tag{2-2}$$

式中：w_i、w_{i+1}——相邻两测点测定的试件含水率；

ε_{i+1}、ε_i——相邻两测点测定的试件干缩应变值。

1)混合料干缩应变分析

干缩试验是每隔2h、2h、4h、4h、12h、24h,分别测量试件的干缩应变并称其质量,48h后,干缩试验结束,静态应变处理仪显示最大干缩应变。

不同水泥用量混合料的最大干缩应变试验结果如图2-6所示。从图中可以看出,水泥用量对混合料的最大干缩影响较大。当水泥用量为2.5%时,最大干缩应变为125με;当水泥用量为4.5%时,最大干缩应变为356με;当水泥用量为5.5%时,最大干缩应变增大到1264με。因此,为降低水泥稳定碎石的干缩应变,应采用降低水泥用量的措施。

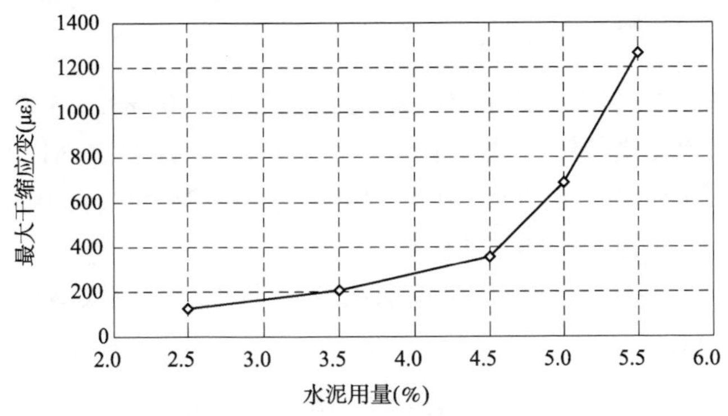

图2-6 水泥用量与最大干缩应变关系

2)混合料干缩系数分析

半刚性基层混合料的平均干缩系数也是反映混合料干缩性能的重要指标。在混合料中,水泥对试件干缩应变有较大的影响,同样也是影响混合料平均干缩系数大小的主要因素。不同水泥用量混合料的平均干缩系数,如图2-7所示。

如图2-7所示,当水泥用量为2.5%时,平均干缩系数为75με/%;当水泥用量为4.5%时,平均干缩系数为120.0με/%。随着水泥用量的增大,平均干缩系数也随之显著增加,当水泥用量为5.5%时,平均干缩系数增大到419.1με/%。因此,水泥用量应尽可能小,以保证混合料有较小的干缩系数。

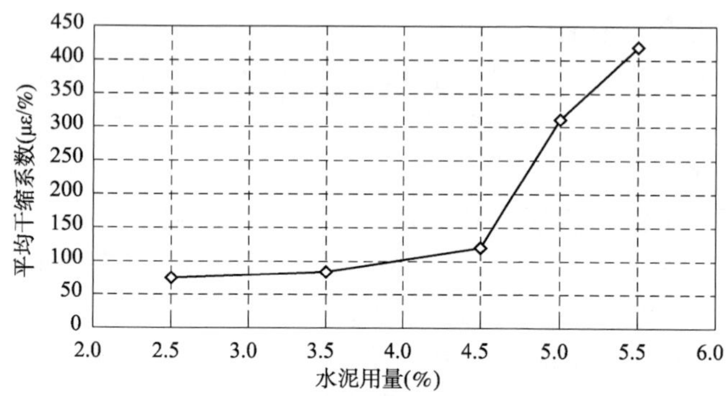

图 2-7　水泥用量与平均干缩系数关系

2.5.3　温缩性能试验研究

在混合料温缩试验中，将混合料制成 100mm × 100mm × 400mm 的梁式试件，到规定龄期后在 60℃ ~ -30℃之间以 5℃或 10℃为间隔，每个温度间隔恒温 2h，用电测法测量试件温缩应变，进而推算出混合料的温缩系数。

其中，温缩系数是指单位温度变化下材料的线收缩应变，由式(2-3)计算：

$$\beta = \frac{\Delta \varepsilon}{\Delta t} + \beta_s \tag{2-3}$$

式中：β——混合料温缩系数(με/℃)；

Δt——温度间隔；

$\Delta \varepsilon$——温度变化 Δt 时，指示应变的变化值；

β_s——温度补偿标准件的线膨胀系数(试验中所用石英标准补偿片的温缩系数是 0.52με/℃)。

温缩试验的试件制作、应变测量方法与干缩试验一致，测试的时间在养生 7d 后。不同的是，最后要将试件放入高低温交变箱，按设定的温度间隔(60℃ ~ -30℃之间以 5℃或 10℃为间隔)降温并测定收缩应变值。混合料温缩应变试验结果如图 2-8 所示。

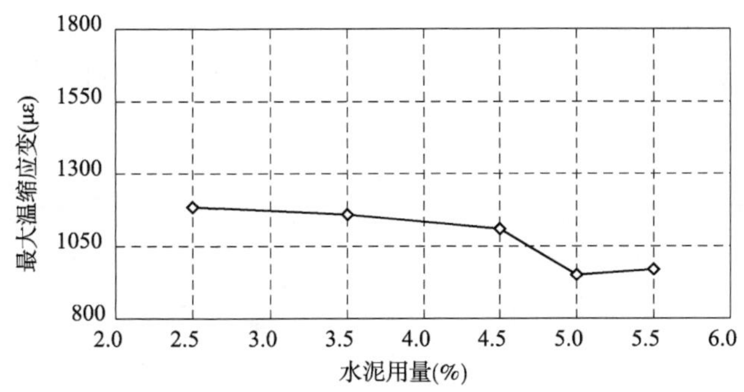

图 2-8　水泥用量与最大温缩应变关系

为了分析水泥稳定碎石在施工初期的温缩性能，研究温缩应变的测试时间在养生 7d 后进行，而以往的试验一般在养生 30d 后进行。从测试结果可以看出，水泥用量增大至 5.0% 之前，最大温缩应变缓慢降低，水泥用量超过 5.0%，最大温缩应变有所增长，但总体来看，水泥用量对混合料的温缩影响不大，这与养生 30d 时的试验结果相同。因此，水泥剂量变化对抗裂性能影响主要体现在干缩性能上。

通过进行干缩试验和温缩试验，可得出以下结论：水泥用量是影响水泥稳定碎石基层混合料强度和干缩的主要因素，但对温缩的影响不是非常显著。随着水泥用量增加，混合料强度迅速增长而干缩应变和干缩系数也在增大。因此，要获得具有较好抗裂性能的水泥稳定碎石混合料配合比，必须在满足一定强度要求的基础上，尽量减小水泥用量。

2.6　试验路材料试验

2.6.1　原材料性质与集料级配

室内试验对试验路采用的水泥、碎石集料等原材料进行了全面的技术指标检测，其中水泥采用了普通硅酸盐 32.5 水泥，其各项指标检测均符合相关规范要求。

1)集料性质

按相关规范检验集料的主要技术指标,各项性能指标如表2-5所示。

集料技术指标值 表2-5

试验项目		试验结果	技术要求
视密度(g/cm³)	1号	2.781	≥2.500
	2号	3.880	
	3号	2.662	
吸水率(%)	1号	0.852	—
	2号	0.994	—

2)集料级配

集料级配是影响混合料性质的重要因素,此次试验选取规范级配范围中值进行试验。设计级配与集料筛分结果如表2-6所示,级配曲线如图2-9所示。

集料筛分与级配设计(单位:%) 表2-6

筛孔(mm)		31.5	26.5	19	9.5	4.75	2.36	0.6	0.075
原材料级配	1号	100.0	95.9	66.0	9.0	0.0	0.0	0.0	0.0
	2号	100.0	100.0	100.0	39.2	0.8	0.3	0.0	0.0
	3号	100.0	100.0	100.0	100.0	84.7	49.8	24.6	7.2
矿料级配	1号	45.0	43.2	29.7	4.0	0.0	0.0	0.0	0.0
	2号	10.0	10.0	10.0	3.9	0.1	0.0	0.0	0.0
	3号	45.0	45.0	45.0	45.0	38.1	22.4	11.1	3.2
合成级配		100.0	98.2	84.7	53.0	38.2	22.5	11.1	3.2
规范中值		100.0	95.0	80.5	57.0	39.0	26.0	15.0	3.5
级配上限		100.0	100.0	89.0	67.0	49.0	35.0	22.0	7.0
级配下限		100.0	90.0	72.0	47.0	29.0	17.0	8.0	0.0

2.6.2 混合料击实试验

根据《无机结合料稳定材料试验规程》,击实试验采用丙法:

分 3 层进行重锤击实，每层击实 98 次，烘干并计算混合料的实际含水率与干密度，由此绘制击实曲线，根据曲线来确定最大干密度(ρ_d)和最佳含水率(w_0)，结果如表 2-7 所示。

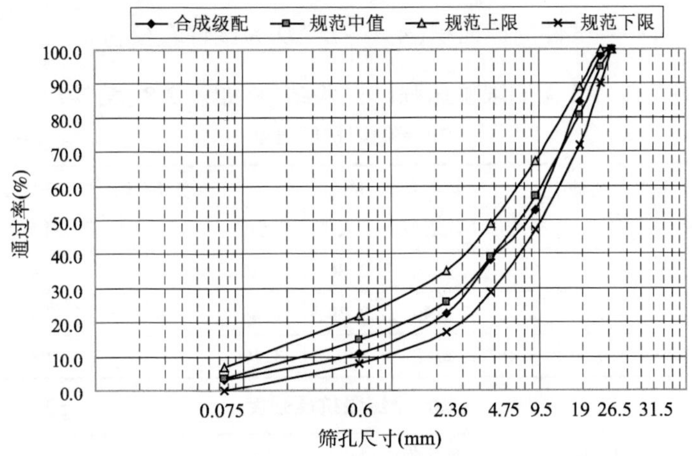

图 2-9 集料级配曲线

最佳含水率与最大干密度 表 2-7

级配类型	水泥剂量(%)	最佳含水率(%)	最大干密度(g/cm^3)
中值级配	3.0	5.4	2.40
	4.0	5.6	2.41
	5.0	5.8	2.41

2.6.3 无侧限抗压强度试验

无侧限抗压强度试验根据《无机结合料稳定材料试验规程》进行。在最佳含水率下成型强度试验试件，试件尺寸为 ϕ150mm × 150mm，成型后用塑料薄膜封闭，放入标准养护室(温度 25℃，湿度保持在 95% 以上)养护，直到龄期前一天放入水中浸泡，24h 后在压力机上进行无侧限抗压强度试验。强度计算公式为：

$$R_c = \frac{P}{A} = \frac{4 \cdot P}{\pi \cdot D^2} \tag{2-4}$$

式中：P——试件破坏时的最大压力(N)；

A——试件的截面积($A = \frac{\pi}{4}D^2$，D 为试件直径，mm)。

7d 和 28d 无侧限抗压强度试验结果，如表 2-8、表 2-9 所示。

7d 无侧限抗压强度 表 2-8

级配类型	水泥剂量(%)	抗压强度(MPa)				变异系数(%)	压实度(%)
		平均值	代表值	最大值	最小值		
中值级配	3.0	2.51	2.22	2.80	2.26	7.0	98.1
	4.0	2.95	2.49	3.39	2.68	9.5	98.2
	5.0	3.46	2.88	4.01	3.10	10.1	98.4

28d 无侧限抗压强度 表 2-9

级配类型	水泥剂量(%)	抗压强度(MPa)				变异系数(%)	压实度(%)
		平均值	代表值	最大值	最小值		
中值级配	3.0	3.58	3.15	3.95	3.22	7.4	98.3
	4.0	3.85	3.44	4.25	3.44	6.5	98.1
	5.0	5.17	4.63	5.66	4.73	6.4	98.3

从表 2-8 和表 2-9 可以看出，在压实度达到要求的前提下，采用 3.0% 水泥剂量的水泥稳定碎石混合料，其 7d 无侧限抗压强度的均值和代表值基本达到了规范要求，且变异性较小；28d 无侧限抗压强度值较高，变异性小，可满足行车要求。

2.7 路面结构受力分析

本节分析了水泥稳定碎石基层模量、厚度对路面层底拉应力和路表弯沉的影响，并结合上节低剂量水泥稳定碎石基层力学性能研究和试验研究结论，提出低剂量水泥稳定碎石基层沥青路面结构设计的建议。

结构分析时采用的路面结构和材料参数如表 2-10 所示。

路面结构和材料参数 表 2-10

结构层	厚度(cm)	模量(MPa)	泊松比
沥青面层	7	2000	0.35
水泥稳定碎石基层	20	2500	0.25
级配碎石底基层	34	1000	0.25
土基	—	150	0.35

2.7.1 层底拉应力分析

级配碎石底基层模量取 1000MPa,土基模量取 150MPa,其他路面参数见表 2-10。水泥稳定碎石基层模量取 2000 ~ 7000MPa,分别计算路面各层底拉应力情况,结果如图 2-10 所示。

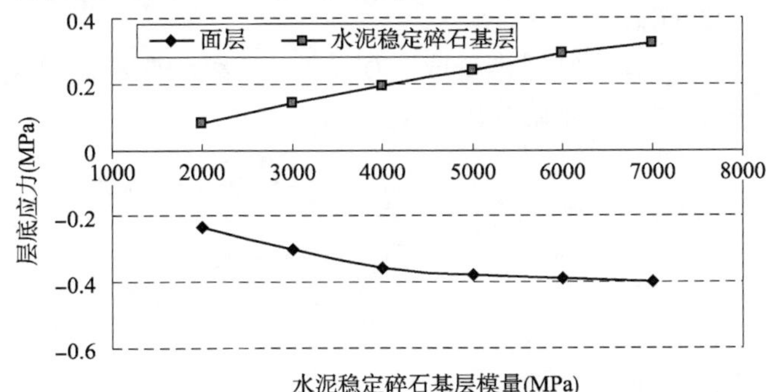

图 2-10 水泥稳定碎石基层模量改变时层底应力变化

由图 2-10 可以看出,水泥稳定碎石基层模量变化范围为 2000 ~ 7000MPa,面层底部一直处于受压状态。因此,采用低剂量水泥稳定碎石基层(一般模量反算达到 2500MPa 左右)并不会引起面层的疲劳破坏。水泥稳定碎石基层底部拉应力随水泥稳定碎石基层模量增加而增加,但通常情况下,高模量的水泥稳定碎石往往具有较高的强度。

水泥稳定碎石基层厚度对路面结构层底部水平应力的影响,如图 2-11 所示。

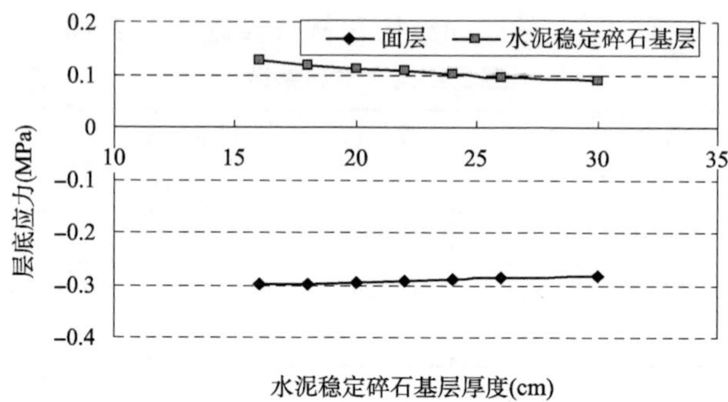

图2-11　水泥稳定碎石基层厚度对水泥稳定碎石基层和底基层底部拉应力的影响

由图2-11可以看出,水泥稳定碎石基层厚度对其面层层底应力影响比较小,其自身层底应力随厚度增加略有减小,但变化较小。所以,适当减薄水泥稳定碎石基层厚度不会对路面疲劳寿命造成太大影响。

水泥稳定碎石基层模量取2500MPa时,级配碎石底基层模量对各层层底应力的影响如图2-12所示。

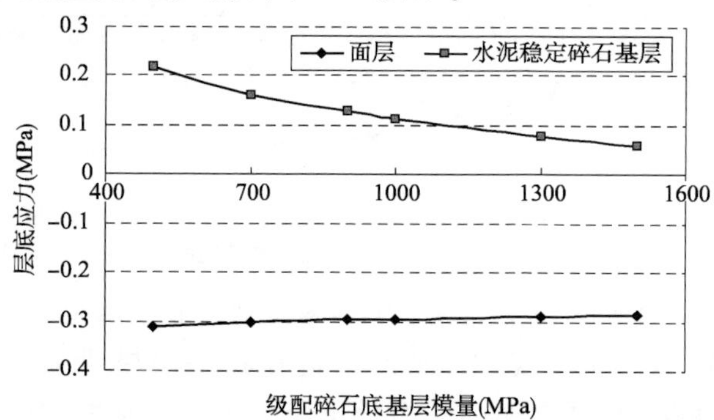

图2-12　级配碎石底基层模量对水泥稳定碎石基层和面层底部拉应力的影响

由图2-12可以看出,底基层回弹模量对水泥稳定碎石基层底部拉应力有较大的影响,底基层模量由500MPa变化到1500MPa,水泥稳定碎石基层底部拉应力由0.21MPa下降到0.065MPa。因此,为了防止水泥稳定碎石基层疲劳开裂,需要提高级配碎石底基层的模量。

2.7.2 路表弯沉分析

路表弯沉是一个综合性指标，反映了路面的整体强度，是我国沥青路面结构设计的主要指标之一。水泥稳定碎石基层模量、厚度对路表弯沉的影响如图 2-13、图 2-14 所示。

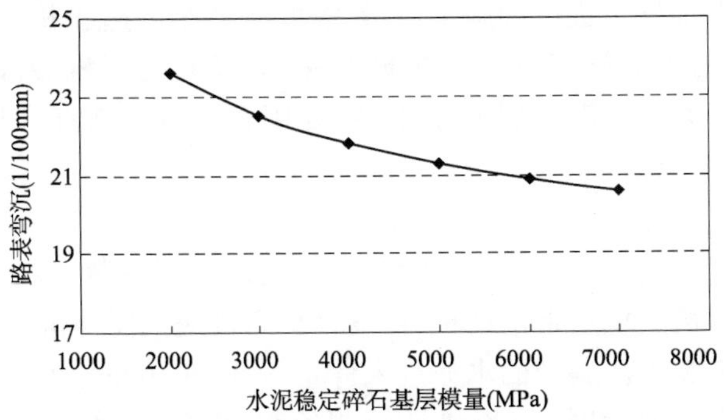

图 2-13　水泥稳定碎石基层模量对路表弯沉的影响

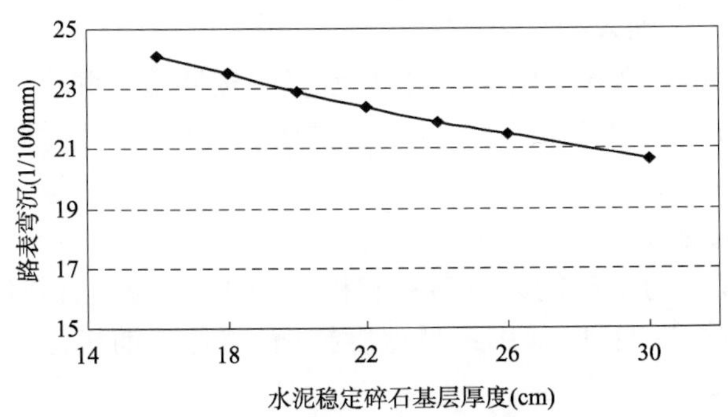

图 2-14　水泥稳定碎石基层厚度对路表弯沉的影响

由图 2-13 和图 2-14 可知，提高水泥稳定碎石基层模量或增加其厚度，都可以使得路表弯沉减小，而且两者的影响曲线形状很相似。可见，水泥稳定碎石基层模量减小对路表弯沉的影响可以通过增加水泥稳定碎石基层厚度来抵消。

2.8 水泥稳定碎石施工方法

2.8.1 施工准备

为保证施工进度和施工质量,需配备齐全的施工机械和辅助配件,并且做好施工过程中机械的保养,及时处理机械故障。水泥稳定碎石基层混合料施工中,主要用到的机械有拌和楼、摊铺机、压路机等。

1)拌和楼

施工中采用稳定土厂拌设备。集料由装载机装入料仓,通过皮带给料机送至皮带集料机,由皮带集料机送入搅拌机。

将散装水泥罐中的水泥送入计量料斗,再由皮带直接送至搅拌机。搅拌的同时,由流量计控制给水,以控制混合料含水率。如果需要添加外加剂,可在另外的料斗中添加,通过皮带转速来控制掺量。由于外加剂在混合料中所占比例较小,可以通过计算后,采用人工加入的方法。

为保证拌和楼各料斗给料、加水量等按照施工配合比来精确添加,必须不断调试拌和楼各个机械的运转状况,即时测定各料仓给料的速度。

2)摊铺机

摊铺机的生产能力应与拌和机互相匹配,并且宜连续摊铺。在摊铺混合料时,应采用最低速度摊铺,避免摊铺机停机待料的情况。

3)压路机

应至少配备12t左右轻型压路机1~2台、18~21t的稳压用的压路机2~3台、振动压路机2~3台和胶轮压路机2台。压路机的吨位和数量必须与拌和楼生产能力及摊铺机摊铺速度相匹配,保证从混合料加水拌和到碾压结束不超过3h。

2.8.2 施工过程

1)材料性能检验

(1)水泥

水泥采用标号为32.5P·O的散装普通硅酸盐水泥。混合料拌和前,检验水泥标号、安定性、初凝时间和终凝时间。在夏季高温作业条件下,散装水泥入罐温度不能超过50℃,如果温度过高,则应采取相应的降温措施。

(2)碎石

将3种集料分别装入料仓当中,进行筛分试验并测其含水率、压碎值、塑性指数、液限。按照规范要求:水泥稳定碎石基层混合料,碎石压碎值就高速公路和一级公路不大于30%、二级和二级以下不大于35%,集料中小于0.6mm的颗粒的液限应小于28%,塑性指数小于9。

2)施工准备

(1)检查各类集料、水泥,保证施工过程中不会由于原材料的短缺而造成施工中断。

(2)摊铺前清除作业面表层垃圾、浮土,并将作业面洒水湿润。

(3)开始摊铺的前一天要进行测量放样,按摊铺机宽度与传感器间距,一般直线以10m为间距、曲线以5m为间距做出标记,并打好导向控制线支架。根据松铺系数计算出摊铺时的松铺厚度,决定导向控制线的高度,挂好导向控制线,其拉力不得小于800N。

3)混合料拌和

混合料拌和是施工能否严格按照设计配合比进行的关键,所以混合料的拌和宜从严控制。

(1)开始拌和前,检查各类集料的含水率,计算配合比,考虑混合料运输和摊铺过程中水分的损失,正常天气应使外加水与天然含水的总量比混合料最佳含水率大1%,夏季高温天气可再增大少许,阴天或多云天气可不增加含水率。实际水泥含量可大于目标配合比水泥剂量0.5%左右,但如现场取样进行的无侧限抗压强度满足设计要求,则不增大,因为过高的水泥含量会增大混合料的收缩,对抗裂性能不利。

(2)每天开始搅拌后,出料时要取样检查是否符合目标配合比要求。正式生产后,每隔1~2h检查拌和混合料的含水率、配合比是否符合设计要求。

(3)混合料拌和后,由漏斗出料直接装车运输,车辆应前后移动,分3次装料,避免混合料离析。

(4)装车后的混合料应马上运到施工现场进行摊铺,从混合料拌和到摊铺完毕,不得超过2h。

4)混合料摊铺

(1)摊铺前应将底基层喷洒适量的水。

(2)检查摊铺机的运行状况,发现不正常的问题,及时加以修复。

(3)调整好传感臂与导向控制线的关系,严格控制基层摊铺厚度。

(4)摊铺时宜慢速,一般控制在1~1.5m/min;螺旋布料器应有2/3埋在混合料中。

(5)通过初步整形后,用轻型压路机快速碾压1~2遍。整形过程中,要及时消除粗集料的离析现象(或采用二次拌和或换新料进行处理),对局部低洼处,应用齿耙将其表层5cm以上耙松,并用新拌的混合料进行找补整平。

5)碾压

(1)整形后,应立即碾压。

(2)碾压时,先稳压,再用振动压路机先轻振动碾压后再重振动碾压,最后采用胶轮稳压直至无轮迹为止。在直线段,由两侧路肩向路中心碾压;在曲线段,从内侧路肩向外侧路肩碾压。碾压时,后轮应重叠1/2轮宽。碾压直至达到要求密实度为止,一般需碾压6~8遍。压路机的碾压速度,前2遍宜在1.5~1.7km/h,

此后宜在1.8～2.2km/h。两侧路面应多压2～3遍。

(3)碾压过程中，混合料表面要始终保持湿润状态，如表面水分蒸发过快，应及时洒水以弥补水分的损失。碾压时，如出现弹簧、松散、起皮等现象，应及时翻开重新拌和，以保证碾压质量。

(4)碾压结束前，必须测量纵断面高程和横坡度。测量后，发现高出部分要铲除，对于局部低洼处，不再进行找补，而留到下一道工序中处理。

(5)碾压过程中，严禁压路机在已完成的或正在碾压的路段上掉头、紧急制动，以保证水泥稳定碎石基层表面不受破坏。

(6)两工作段的搭接部分采用横缝形式。横缝应与路面车道中心线垂直设置，其设置办法为：

①将含水率适当的混合料末端整理平齐，紧靠混合料放两根方木，方木的高度应与混合料的压实厚度相同，整平紧靠方木的混合料。

②方木的另一侧应用砂砾或碎石回填约3m长，其高度应略高出方木高度。

③将这部分混合料压实，待到重新开始摊铺混合料时，将砂砾或碎石、方木撤除，并整理工作面。

2.8.3 养生

(1)混合料碾压完毕后应立即开始养生，并同时进行压实度检查。

(2)养生时，将湿润的草袋或麻布覆盖在碾压完成的基层顶面，覆盖2h后，用洒水车洒水。在7d内，应保持基层处于湿润状态。养生期间应定期洒水，养生结束后，必须将覆盖物清除干净。

(3)基层养生7d后，立即施工沥青下封层，洒布下封层乳化沥青或稀释沥青。洒布前必须将水泥稳定碎石表面的浮尘清扫干净，以确保下封层渗透与黏结。遇夏季高温，可在基层养生3～4d后洒布下封层。

(4)如果水泥稳定碎石基层分两层或两层以上铺筑，则两层之间的施工时间间隔宜为 7 ~ 15d，夏季高温可缩短至 3 ~ 4d，且不宜超过 10d，最多不能超过 30d。

2.8.4 交通管制

（1）水泥稳定碎石基层养生期一般应不少于 7d。

（2）养生期内洒水车必须在另外一侧车道上行驶，施工车辆的车速应不超过 20km/h。

（3）在养生期内应封闭交通。

2.9 小结

根据路面力学分析以及低剂量水泥稳定碎石基层力学性能和收缩性能研究的结论，对低剂量水泥稳定碎石基层结构设计有以下结论和建议。

（1）随着水泥剂量的增大，水泥稳定碎石混合料的强度不断增大，但干缩和温缩系数增大，导致路面易出现开裂。试验表明，只要选料得当，精心施工，3% 剂量的水泥稳定碎石混合料强度是能够满足规范要求和路用要求的。

（2）水泥稳定碎石基层采用较低剂量，对沥青面层抗疲劳没有不利影响。变化水泥稳定碎石基层模量直至规范取值范围，发现沥青面层基本处于受压状态，说明该结构层作为承重层从强度上讲是满足要求的。另外，由于低剂量水泥稳定碎石干缩较小，在薄层沥青路面设计中可以采用低剂量水泥稳定碎石基层防治反射裂缝。

（3）为防止低剂量水泥稳定碎石基层自身疲劳开裂，可以提高增加水泥稳定碎石基层厚度，建议水泥稳定碎石基层厚度取 20 ~ 22cm 较为经济，此外，也可以提高底基层模量。因此，对于低剂量水泥稳定碎石基层的路面结构，可尽量采用半刚性底基层。

3 级配碎石基层结构及材料研究

3.1 概述

无黏结粒料是一种应用非常广泛的路面材料，至今仍广泛用于国外柔性路面的基层和底基层。根据不同使用功能，粒料的种类可从强度较低的砂砾、级配砂砾、未筛分碎石到强度较高的碎石基层（Granular Base）、高质量水结碎石（Water Macadam）。

澳大利亚和南非的一些高等级公路路面在半刚性基层和沥青面层间设置了级配碎石联结层，而且沥青面层较薄（5cm左右）。此种结构能有效防止反射裂缝，且能适用于较重的交通。

碎石基层强度主要来源于碎石本身的强度及碎石颗粒之间的镶嵌力，另外，级配碎石的力学性能具有明显的非线性，其回弹模量与应力环境有很大关系。国外对碎石材料级配和力学性能做过不少研究，如 Charles. R. Marck 研究了级配碎石中粒径小于 0.075mm 石粉含量、不同压实标准对碎石基层密实度及 CBR 值的影响，S. F. Brown 研究了级配类型对级配碎石密实度、动回弹模量、永久变形的影响等。这些研究均从不同方面反映了级配碎石的重要特性。然而，这些研究较为分散，缺乏综合性，且很多研究是从本国实际情况出发。

级配碎石的研究重点在于其材料、级配的选取，以及力学性能的研究和路面结构设计中级配碎石层合理层位和厚度的选择。

3.2 级配碎石材料力学性能研究

反映级配碎石力学性能的指标有加州承载比 CBR 和抗压回弹模量。研究不同级配碎石材料的 CBR 和抗压回弹模量,有利于做好碎石的级配选择,同时,级配碎石材料的抗压回弹模量也是路面结构设计中一个重要的力学参数。

3.2.1 级配碎石材料及级配选择

级配碎石层既可为路面提供整体强度的基层、底基层,也可放在半刚性基层和沥青面层之间,起到防止反射裂缝的作用。不论作为哪一个层次,其足够的强度或模量都是十分重要的。集料性能和级配是影响级配碎石层强度的主要因素。

1)集料

(1)集料强度

美国 AASHO 规范、ASTM 规范均未对级配碎石基层集料强度作具体规定,仅是间接地要求其 CBR 值不小于 80%。我国《公路工程集料试验规程》(JTJ 058—2000)在经验及国内使用情况基础上,提出一级公路以上重交通路面级配碎石集料压碎值小于 26%。

(2)集料形状与构造

富于棱角及表面纹理的轧制碎石,在相同级配及密实度条件下,通常比光滑表面的圆颗粒具有更高的 CBR 值及渗透系数,因而应采用轧制集料,规范规定其针片状集料含量应不大于 20%。一般来说,对于石灰岩和玄武岩等,选用合适的轧石机轧制是容易达到此要求的。

(3)液限与塑性指数

研究表明,集料中粒径小于 0.5mm 的细料含量及其塑性指数对级配碎石性质有较大影响,当粒径小于 0.5mm 的细料含量接近或超过 15% 时,塑性指数对其三轴强度有较大影响。研究还表明，无塑性级配碎石的 CBR 值及抗永久变形能力远好于有塑性者。此外，有塑性细料遇水易膨胀，从而降低级配碎石材料的透水性和水稳性。

为此，应严格限制级配碎石中粒径小于 0.5mm 的细料含量及其塑性指数，AASHO 及 ASTM 均规定，其液限应小于 25%，塑性指数为 4% ~6%，我国《公路工程集料试验规程》(JTJ 058—2000)规定液限小于 28%，塑性指数小于 6%。

2)碎石级配

级配是影响级配碎石强度与刚度的最重要因素。一般来说，密实的级配易于获得高密度，从而使级配碎石获得高的 CBR 值、回弹模量及抗永久变形能力。影响级配的因素主要有级配类型、最大粒径及集料中通过 4 号筛(5mm)、40 号筛(0.5mm)和 200 号筛(0.075mm)含量等。

(1)粒径小于 0.075mm 石粉含量

一些研究认为，粒径小于 0.075mm 石粉含量为 8% ~10% 的级配碎石密实度最大，而 CBR 值则以 6% ~8% 为最大。Charles R. Mauck 研究认为，稳定性(CBR 值)以粒径小于 0.075mm 石粉含量 4% ~5% 为最大，且通过 4 号筛(5mm)含量为 39%、200 号筛(1mm)含量为 16% 左右的级配碎石性能较好。

(2)最大粒径

国外用得较多的级配碎石最大粒径多为 25mm、37.5mm、40mm、50mm 等，水结碎石(Water Bound Macadan)最大粒径则常为 50 ~80mm，且其性能往往好于小粒径的级配碎石。

(3)级配类型

级配类型对级配碎石密实度、强度和透水性有重要影响，密实集料粒径分布常用“Fuler-Talbol”公式表示：

$$P_x = 100\left(\frac{d_x}{D_{\max}}\right)^n \tag{3-1}$$

式中：P_x——通过某一粒径 d_x 的集料百分率(%)；

$D_{\max}$——集料最大粒径(mm)；

d_x——拟求筛孔径；

n——指数。

式(3-1)表明除 D_{max}外，指数 n 是影响粒径分布的重要因素，n 值偏小，集料总的粒径分布偏细，反之偏粗。诺丁汉(Nottingham)大学 S. F. Brown 研究认为，当 n 取 0.35 ~0.40 时，集料可获得最大密度及良好的抗永久变形能力。

何兆益在其博士论文中，对不同最大粒径、不同级配的碎石材料力学性能进行了系统研究，以下引用其试验结果进行分析。何兆益的研究中，n 取 0.45 ~ 0.55，最大粒径分别取 30mm、40mm、50mm，并同时采用国内规范规定级配、美国 ASTM 规范规定级配等共 7 种进行对比研究。级配曲线及各筛孔通过率如表 3-1 及图 3-1 所示。

各种级配集料通过筛孔百分率情况 表 3-1

编　号		1	2	3	4	5	6	7
级配类型		规范级配(中)	ASTM(中)	ASTM(细)	ASTM(粗)	G_{30}	G_{40}	G_{50}
通过右列筛孔(mm)的质量百分率(%)	50		100		100			100
	40						100	91
	35		94		88		95	86
	30	100				100	88	80
	25					93	82	75
	20	92.5	80	100	60	84	74	68
	10	70	59	77	40	63	55	50
	5	40	43	60	25	46	41	37
	2.5	22.5	16	24	7	31	30	25
	0.5	15				16	14	13
	0.074	4	5	10	0	6	5	5

从图 3-1 中可见，G_{30}、G_{40}、G_{50}是较为光滑连续的级配，它们之间的区别仅在于最大粒径不同，从粒径分布上看，最大粒径大者

略粗，其强度和抗变形能力会增加。

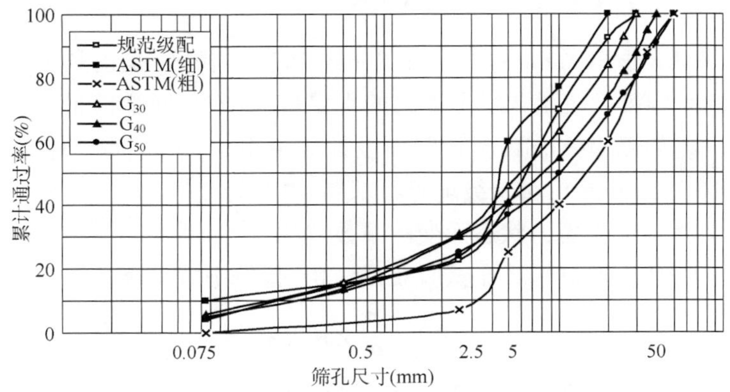

图 3-1　性能试验级配

采用标准重型击实试验系统研究了 7 种级配碎石，其最大干密度及相应最佳含水率如表 3-2 所示。

不同级配集料击实试验结果　　　　表 3-2

项目 级配	最大干密度 (g/cm^3)	最佳含水率 (%)	空隙率 (%)
规范级配(中)	2.31	6.0	13.7
ASTM(中)	2.23	4.5	17.8
ASTM(细)	2.32	7.5	13.3
ASTM(粗)	2.07	3.0	22.7
G_{30}	2.33	4.6	13.0
G_{40}	2.36	4.0	11.9
G_{50}	2.37	5.0	11.5

很明显，就获得最大密实度的级配碎石而言，以连续级配为好，且最大粒径在 40～50mm 为最佳。而规范级配同 G_{30} 相近，并差于 G_{30}。至于 ASTM 规范级配，由于粒径分布间断，其密实度也略低。

3.2.2 级配碎石承载比 CBR

CBR 值(California Bearing Ratio,加州承载比)是衡量无结合料粒料强度及抗永久变形能力的重要指标,它与回弹模量值直接相关。如壳牌(Shell)沥青路面设计法中规定,土基回弹模量 $E_{土}$ 为10CBR(MPa);对于级配碎石基层,也有研究提出 $E = B \cdot \text{CBR}$,其中 B 为依赖受力状态而变的系数。

CBR 值通过承载比试验获得,CBR 值按下式计算:

$$\text{CBR} = \frac{P}{P_s} \times 100\% \tag{3-2}$$

式中:P——对应于某一贯入度(通常 2.5mm)的单位压力(MPa);

P_s——对应于试样同一贯入度深度下的标准单位压力(MPa)。

7 种级配不同成形方式下,CBR 试验结果如表 3-3、表 3-4 所示。

不同级配及密度下 CBR 实测值(击实成形)　　表 3-3

级配 \ 项目	最大粒径(mm)	<0.075mm 含量	干密度(g/cm³)	CBR 值(%)	CBR 平均值(%)
规范级配	30	4	2.26	194	185
			2.23	177	
			2.24	184	
ASTM(中)	50	5	2.23	207	204
			2.20	148	
			2.22	256	
ASTM(细)	20	10	2.27	84	90
			2.25	80	
			2.27	106	
ASTM(粗)	50	0	2.06	73	60
			2.02	50	
			2.02	57	

续上表

级配 \ 项目	最大粒径(mm)	<0.075mm含量	干密度(g/cm^3)	CBR值(%)	CBR平均值(%)
G_{30}	30	6	2.29	256	260
			2.32	266	
			2.30	266	
G_{40}	40	5	2.29	266	300
			2.27	286	
			2.34	348	
G_{50}	50	5	2.30	231	286
			2.36	286	
			2.32	341	

不同级配及密度下 CBR 实测值(振动成形)　　表3-4

级配 \ 项目	最大粒径(mm)	<0.075mm含量	干密度(g/cm^3)	CBR值(%)	CBR平均值(%)
规范级配	30	4	2.26	177	180
			2.28	185	
			2.25	180	
ASTM(中)	50	5	2.20	195	200
			2.23	180	
			2.22	220	
ASTM(细)	20	10	2.25	177	151
			2.27	128	
			2.24	150	
ASTM(粗)	50	0	2.03	130	132
			2.05	148	
			2.02	120	

续上表

项目 / 级配	最大粒径 (mm)	<0.075mm 含量	干密度 (g/cm^3)	CBR 值 (%)	CBR 平均值 (%)
G_{30}	30	6	2.30	325	368
			2.30	389	
			2.33	390	
G_{40}	40	5	2.35	394	387
			2.37	375	
			2.34	394	
G_{50}	50	5	2.35	320	322
			2.29	312	
			2.32	335	

(1)密实度与 CBR 值关系

上述试验结果表明,不论何种级配类型或成形方式,密实度越大,CBR 值越大,而且影响显著。可见,选择高密度的级配和保证施工压实对于级配碎石层强度十分重要。

相同密度下,采用振动成形者,其 CBR 明显增大,这是由于重型击实成形试件会将大粒径的集料击碎,改变了原来的级配,影响嵌挤作用的发挥,从而影响级配碎石强度。这一点对于级配碎石基层或底基层碾压成形有指导意义。

(2)粒径小于 0.075mm 石粉含量与 CBR 值关系

试验同时表明,级配碎石中粒径小于 0.075mm 石粉含量对其密度及 CBR 值均有较大影响,就强度(CBR 值)而言,以粒径小于 0.075m 石粉含量 5% ~6% 为宜。

(3)最大粒径 D_{max} 与 CBR 值关系

最大粒径 D_{max} 对密度及强度也有很大影响,最大粒径大,集料中起骨架作用的粗集料相对较多,故其 CBR 值会大些。但是,D_{max} 太大易导致集料离析,从而影响其强度和刚度。另外,还要注意最大粒径与层厚的协调,以免造成压实困难。在能保证施工均匀性和压实度的情况下,采用大粒径的级配碎石是有利的。

3.2.3 采用三轴试验分析级配碎石回弹模量

回弹模量(Resilient Moduli)是表征级配碎石强度的重要力学指标,也是路面设计中必不可少的材料参数。级配碎石作为一种松散粒料,其材料种类、级配、密实度、含水率及所受应力状态都会对其回弹模量产生影响,其中应力状态的影响最大。级配碎石弹性模量具有依赖应力状态而变的非线性,即:

$$E = K_1\theta^{K_2} \tag{3-3}$$

式中:E——级配碎石回弹模量(MPa);

θ——第一应力不变量,$\theta = \sigma_1 + 2\sigma_3$(MPa);

K_1、K_2——回弹系数。

由式(3-3)可知,级配碎石的回弹模量随第一应力不变量增大而增大,呈指数关系,研究级配碎石的回弹模量必须考虑其应力环境的影响。

何兆益在其博士论文中,分别进行了级配碎石的静三轴和动三轴试验,研究了各因素对级配碎石模量的影响规律,并根据试验结果得出了式(3-3)中 K_1、K_2的取值范围。其试验级配采用最大粒径分别为 30mm 和 40mm,级配按富勒级配公式,确定 n 取 0.45。两种级配组成如表 3-5 所示。

三轴试验级配碎石级配 表 3-5

筛孔尺寸(mm)		40	30	25	20	10	5	2.5	0.5	0.075
通过百分率(%)	Ⅰ型	100	88	82	74	55	41	30	14	6
	Ⅱ型	—	100	93	84	63	46	31	16	6

室内重型击实试验求得Ⅰ型级配最大干密度为 2.4g/cm^3,最佳含水率 4.0%,Ⅱ型级配最大干密度为 2.33g/cm^3,最佳含水率 4.6%。

1)动三轴试验

三轴试验是研究土工材料力学性能的常用试验,试件在压力

室中受围压 σ_3 和竖向应力 σ_1 作用,通过试件在不同应力状况下的变形可求得其回弹模量值。由于级配碎石材料的力学性能具有随应力环境而变的非线性,必须考虑受力环境对其回弹模量的影响,因此,常用三轴试验对级配碎石进行研究。

三轴试验根据加载方式不同分为动三轴试验和静三轴试验。动三轴试验能施加不同波形和频率的荷载,可以考虑加载时间等对其力学性能的影响,从而模拟复杂的应力情况。

动三轴试验采用进口 S3D 中型伺服动三轴仪,试件尺寸为直径(ϕ)100mm×高(H)210mm。对试件施加半正弦矢波脉冲动偏应力,加载频率为 1Hz。侧向压力分别按 20kPa、40kPa、60kPa、80kPa、100kPa、150kPa 六个阶段施加,重复动偏应力 σ_d 按 σ_d/σ_3 为 1、2、3、4、5 五个动应力水平施加。

对于不同试样,按前述试验方法及应力施加序列,实测并按下式计算不同应力状态下回弹模量:

$$M_r = \frac{\sigma_d}{\varepsilon_r} \tag{3-4}$$

式中:M_r——动回弹模量(kPa);

σ_d——反复作用的动偏应力,$\sigma_d = \sigma_1 - \sigma_3$;

ε_r——稳定的瞬时回弹应变。

在不同应力状态下,按 $M_r = K_1\theta^{K_2}$ 模型回归试验结果,其成果列于表 3-6 中。

动三轴弹性模量试验结果(K_1、K_2值)　　表 3-6

试件	级配类型	含水率(%)	密实度(%)	K_1	K_2	相关系数
1	I	3.0	90	26087	0.42	0.87
2	I	2.5	93	31925	0.40	0.90
3	I	5.0	95	22602	0.42	0.87
4	I	5.0	100	21687	0.43	0.89

续上表

试件	级配类型	含水率（%）	密实度（%）	K_1	K_2	相关系数
5	Ⅰ	8.0	90	18936	0.53	0.78
6	Ⅰ	7.5	100	16939	0.50	0.80
7	Ⅱ	3.5	93	28832	0.43	0.83
8	Ⅱ	4.0	93	29983	0.44	0.86
9	Ⅱ	3.0	95	30025	0.41	0.81
10	Ⅱ	5.0	95	26746	0.45	0.80
11	Ⅱ	8.0	94	17628	0.49	0.85
12	Ⅱ	9.0	94	19863	0.48	0.88

试验结果表明：对于优质轧制石灰岩密级配碎石，K_1 = 16939～31925，而 K_2 = 0.40～0.53，平均值 K_1 = 24432，K_2 = 0.47。

2）静三轴试验

静三轴试验按一定模式施加静载，试样在压力室中受围压 σ_3 和竖向应力 σ_1 作用，级配碎石的回弹模量 E 为：

$$E = \frac{\sigma_1 - \sigma_3}{\varepsilon_r} \tag{3-5}$$

式中：σ_1——竖向最大主应力（MPa）；

σ_3——侧向压力（MPa）；

ε_r——回弹模量。

（1）加载模式

静三轴试验所用试样尺寸为直径（ϕ）100mm × 高（H）200mm，施加应力 σ_3 仍为 5 个阶段，每阶段施加应力 σ_d/σ_3 为 2、3、4、5、6 五级，如表 3-7 所示。

静弹模试验应力施加顺序 表 3-7

加荷顺序	1	2	3	4	5
σ_3（kPa）	20	40	60	100	150
σ_1/σ_3	2、3、4、5、6	2、3、4、5、6	2、3、4、5、6	2、3、4、5、6	2、3、4、5、6

（2）静三轴试验结果

不同应力状态下测试结果仍按模型 $M_r = K_1\theta^{K_2}$（kPa）回归，实测回归得 9 组静态回弹模量 K_1、K_2值，如表 3-8 所示，试件含水率分别为 3%、5%、7%，密实度 95% ~ 100%。

静三轴回弹模量试验结果 表 3-8

试件	含水率（%）	密实度（%）	K_1	K_2	相关系数
1	3	95	6664	0.492	0.93
2	5	100	5116	0.535	0.90
3	7	100	2207	0.642	0.92
4	4	100	5864	0.543	0.91
5	7	97	4841	0.547	0.91
6	7	95	3597	0.584	0.91
7	5	95	5200	0.533	0.92
8	3	95	7843	0.496	0.91
9	3	98	9402	0.453	0.90

静回弹模量所测结果 $K_1 = 2207 \sim 9402$，$K_2 = 0.453 \sim 0.642$，若去掉数据偏离较大之试件 3，则 $K_1 = 3597 \sim 9402$，$K_2 = 0.453 \sim 0.584$，$\overline{K}_1 = 6499$，$\overline{K}_2 = 0.519$。

3）试验结果分析

（1）级配碎石材料回弹模量系数的取值

从动三轴和静三轴试验结果来看，静三轴的 K_1值比动三轴的要小得多，K_2值比较接近，静三轴结果的离散性比动三轴大。动三轴试验可以考虑荷载作用时间的影响，更好地模拟路面中级配碎石层的工作状态，因此，级配碎石回弹模量系数 K_1、K_2根据动三轴试验结果确定，K_1取 24432，K_2取 0.47。

（2）含水率、密实度和级配对碎石基层弹性模量的影响

①含水率。含水率与回归系数 K_1和 K_2的关系如图 3-2 和图 3-3 所示。

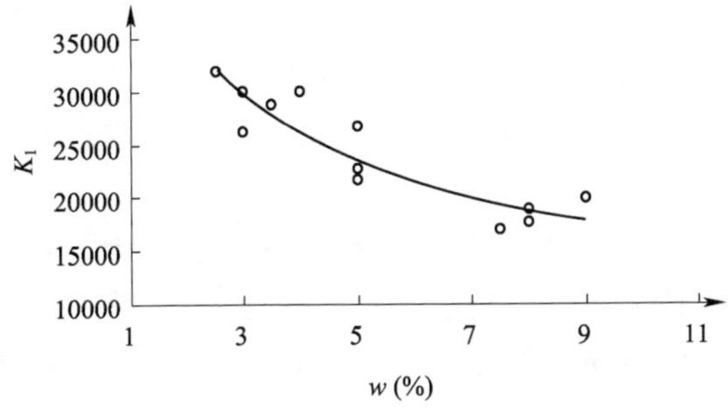

图 3-2　含水率与 K_1 关系

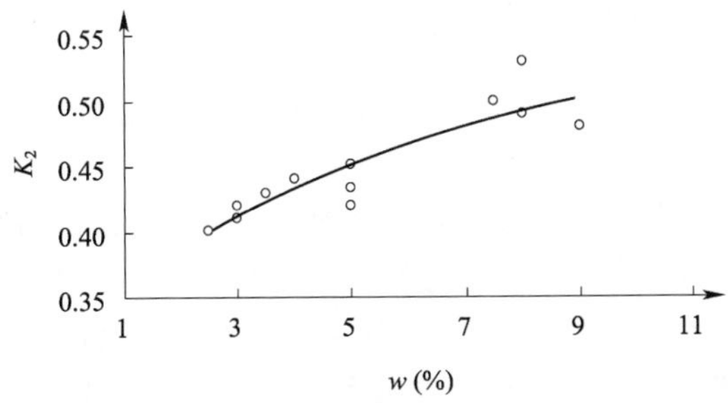

图 3-3　含水率与 K_2 关系

由图 3-2 和图 3-3 可见，随着含水率增加，K_1 呈减小而 K_2 呈增加的趋势。根据三轴试验的结果，级配碎石在最佳含水率附近或略低于最佳含水率时，回弹模量最大。从机理上分析，由于含水率增加，导致集料间摩擦作用减弱，影响整体强度形成，从而引起模量减小。可见，为了获得高模量的级配碎石基层，要注意级配碎石基层排水，使含水率不致过高。

②密实度与回弹模量的关系。研究所用试样的密实度比较接近，大多为 93% ~95%。同一含水率水平的 3 个试样，由于密度相差不大，其回弹模量随密度增加的趋势不明显。因此，密实度对回弹模量之影响尚需深入研究。

Binh. Vuong 专门研究过密实度对碎石材料动应力、应变特性的影响，其结果是密实度从 90% 增至 105%，回弹模量明显增加。

Woojin. Lcc 对级配砂(同级配碎石结构相似)的研究表明：对

级配砂,密实度从95%增至103%,K_2保持不变,而K_1随密实度增加呈线性增长,回弹模量与密实度成正比。因而,密实度是影响级配碎石强度的又一重要因素,高密实度(密实度≥100%)是其发挥优良性能的必备条件之一。

③级配对回弹模量的影响。研究表明,在相同含水率及密实度下,级配对碎石材料模量有一定的影响,集料中以粒径小于0.075mm石粉含量对回弹模量较为敏感。通常粒径小于0.075mm石粉含量达到8%~9%以后,模量会有所降低。

3.2.4 力学性能研究结论

通过对以上有关级配碎石试验研究的分析,得出以下结论及建议:

(1)为了获得高密度、高模量的级配碎石,综合研究表明,集料最大粒径宜稍粗,过5mm筛含量为40%左右,过0.5mm筛含量以不小于15%为宜。碎石材料采用连续级配可以得到较大的密实度和较高的强度。对于富勒级配公式,n取0.45~0.50时,密度和强度较好。

(2)含水率和密实度对级配碎石动弹模量影响较大,小于或等于最佳含水率及高密实度可以提高级配碎石强度及抗变形能力。为此,施工时要保证级配碎石层的充分压实,养护过程中要保证碎石基层排水,控制其含水率。

3.3 含级配碎石层沥青路面结构分析

级配碎石基层沥青路面在行车荷载作用下,一方面由于沥青面层与级配碎石层的联结不好,容易产生剪切破坏,表现为推移、拥包等;另一方面,级配碎石层模量较低,沥青面层底部受到较高水平的弯拉应力作用,容易产生疲劳破坏,表现为轮迹处面层疲劳开裂。因此,有必要对含级配碎石层沥青路面的剪应力、面层底部拉应力进行分析,在此基础上,结合级配碎石的力学性能和试验路研究结论，对级配碎石层的合理层位和厚度进行分析。

3.3.1 面层及层间剪应力分析

由于行车荷载的水平力作用，面层上部的表层剪应力和面层、基层接触面上的层间剪应力都有可能引起路面的剪切破坏。计算分析了面层厚度、模量，级配碎石厚度、模量对路面表层剪切应力和层间剪切应力的影响。

作用于路表的水平荷载，以车轮垂直荷载乘以车轮与路面间的摩擦系数表示，即：

$$q = f \cdot p \tag{3-6}$$

式中：q——水平荷载；

f——摩擦系数；

p——垂直荷载。

缓慢制动时，摩擦系数约为0.2，紧急制动为时约为0.5。考虑最不利情况，本节取摩擦系数为0.5进行分析。根据试验路检测结果，计算时各层厚度和材料参数的取值见表3-9。

力学分析采用的路面结构和材料参数 表3-9

结构层	厚度(cm)	模量(MPa)	泊松比
沥青面层	7	2000	0.35
级配碎石排水层	14	500	0.25
水泥稳定碎石基层	20	7000	0.25
级配碎石底基层	20	1500	0.25
土基	—	150	0.35

(1)面层厚度和模量的影响。

从图3-4和图3-5可以看出，增加面层厚度可以减小层间剪应力，但对路表剪应力影响较小。面层较薄时，层间剪应力为0.15~0.20MPa，由于沥青层与级配碎石层间的联结状况较差，较薄的沥青面层对于层间抗剪是不利的。

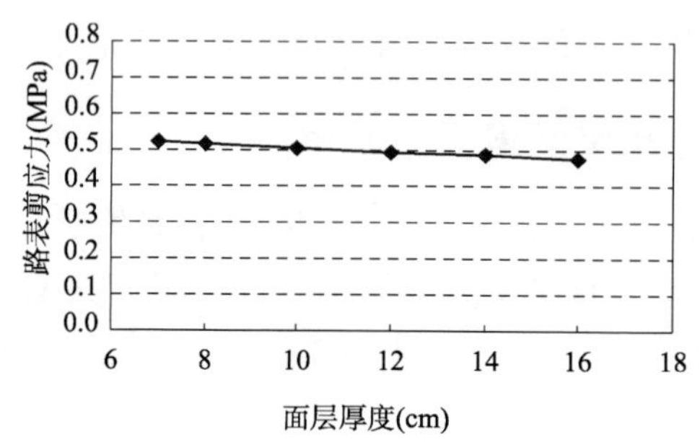

图 3-4　面层厚度对路表剪应力的影响

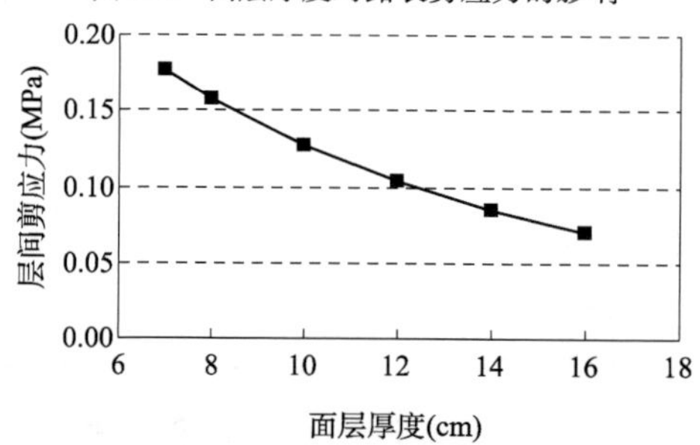

图 3-5　面层厚度对层间剪应力的影响

由图 3-6 可见,面层模量增加时,路表剪应力增大,不过模量大时面层材料的抗剪强度也高,增加面层模量对于路表抗剪没有不利的影响。沥青路面表层剪切破坏大多发生于气温较高、模量较低的夏季。

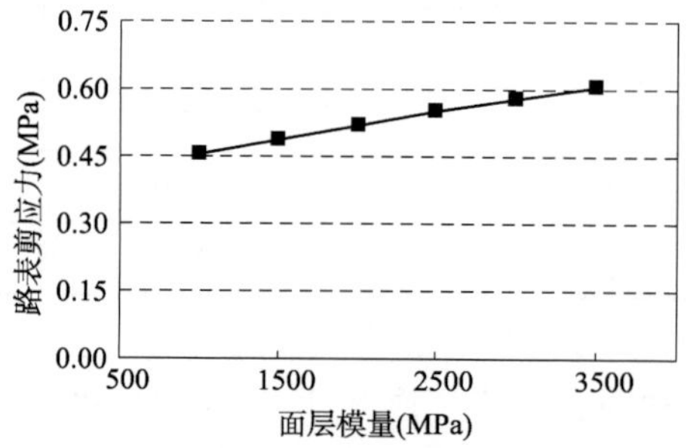

图 3-6　面层模量对路表剪应力的影响

由图 3-7 可见,面层模量减小时,层间的剪应力增加很多,说明高温季节面层模量降低对于层间抗剪也是不利的。

综上所述,从面层自身考虑,增加面层厚度和模量,可以提高碎石基层沥青路面的抗剪切破坏能力。

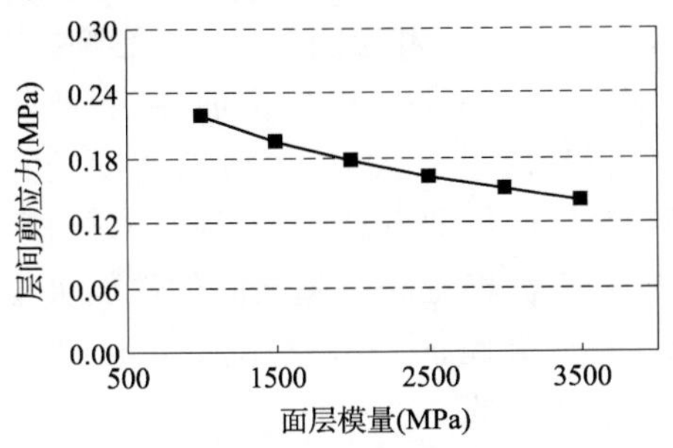

图 3-7 面层模量对层间剪应力的影响

(2)级配碎石基层厚度和模量的影响

级配碎石基层对路表剪应力和层间剪应力的影响如图 3-8、图 3-9 所示。

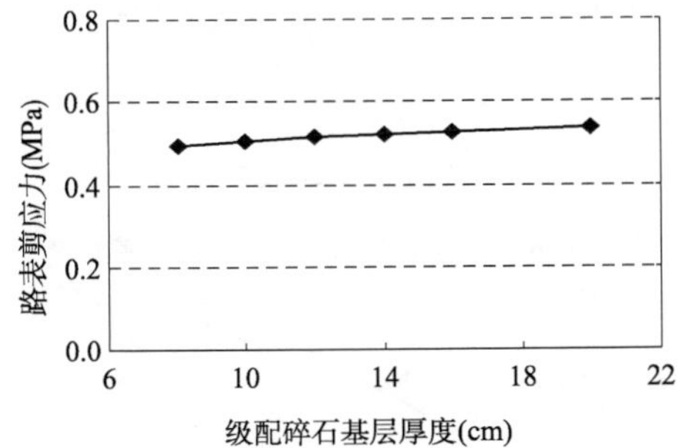

图 3-8 基层厚度对路表剪应力的影响

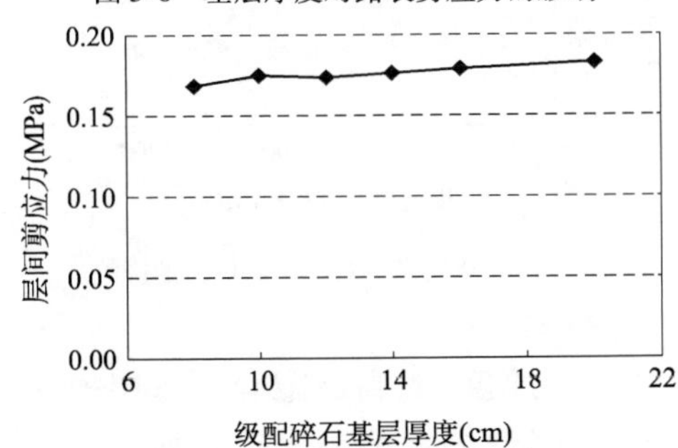

图 3-9 基层厚度对层间剪应力的影响

由图 3-8、图 3-9 可以看出，碎石基层厚度对路表剪应力和层间剪应力基本没有影响。

基层模量对路表剪应力和层间剪应力的影响如图 3-10、图 3-11 所示，由图可以看出，碎石基层模量增加，路表剪应力减小，层间剪应力增大。碎石基层模量大时，一般密实度较大，粒料间嵌挤较好，整体性强，对层间抗剪有利，同时提高基层模量可以避免碎石基层成为面层和水泥稳定碎石基层间的软弱夹层，增强层间联结，防止面层滑动，提高路面结构整体强度，因此，提高碎石基层模量对路面结构是有利的。

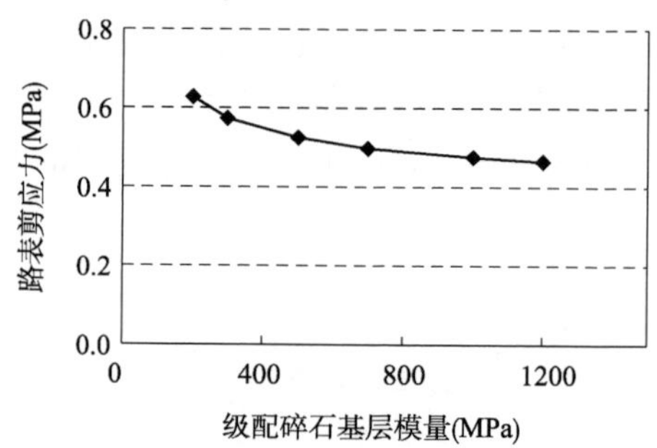

图 3-10　基层模量对路表剪应力的影响

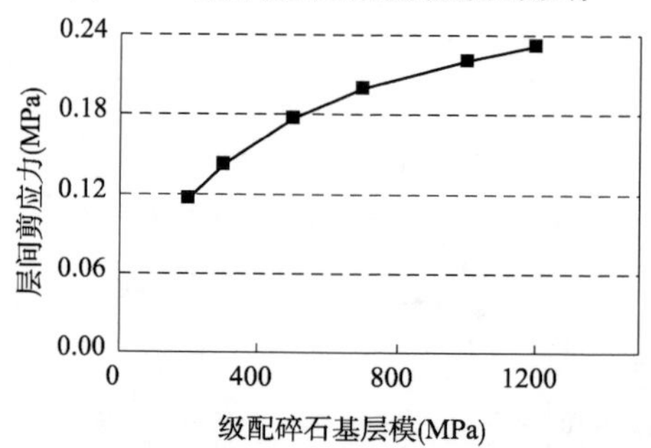

图 3-11　基层模量对层间剪应力的影响

（3）剪应力分析的结论

①增加沥青面层厚度、提高级配碎石基层模量，可以减小路面表层的剪切应力，降低沥青面层出现推移、波浪等病害，同时，

增加面层厚度和模量，可以减小层间剪切应力。因此，增加沥青面层厚度、模量和提高级配碎石基层模量对路面结构受力比较有利。对于薄层沥青路面，提高级配碎石基层模量更是显得相当重要。

②级配碎石基层厚度对路面表层剪切应力和层间剪切应力基本没有影响，但是由于碎石层模量随厚度增加有减小的趋势，因此，级配碎石基层不宜过厚。

3.3.2 面层底部拉应力分析

沥青面层疲劳裂缝也是沥青路面的主要破坏形式之一，许多国家的沥青路面设计规范都将沥青面层底部拉应力或拉应变作为设计指标。对于采用级配碎石基层的薄层沥青路面，由于面层较薄、级配碎石层模量较小、层间联结不好，面层底部拉应力或拉应变往往成为路面厚度计算的控制指标。

(1)面层厚度和模量对面层底部拉应力的影响

由图3-12、图3-13可以看出，面层厚度和模量对面层底部拉应力有较大影响，增加面层厚度、减小面层模量，可以有效减小面层底部的拉应力，面层厚度由7cm增加到16cm，面层底部拉应力减小了约30%。

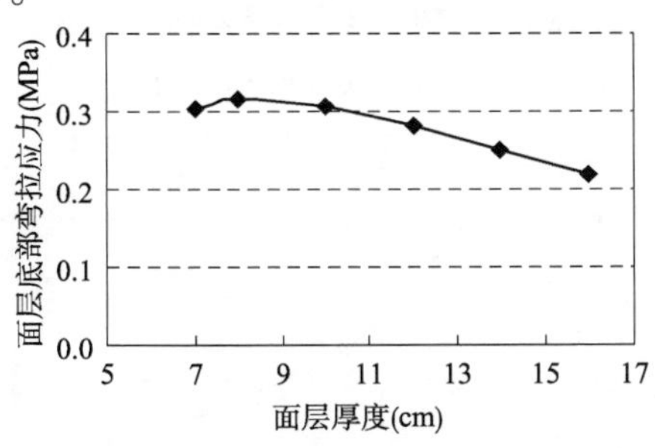

图3-12　面层厚度对面层底部拉应力的影响

(2)级配碎石基层厚度和模量对面层底部拉应力的影响

由图3-14、图3-15可以看出，级配碎石基层厚度增加，会引起沥青面层底部拉应力增加，说明从防止沥青面层疲劳开裂考虑，级配碎石基层不应太厚。有关研究表明，级配碎石基层厚度为 10～15cm 时，具有较好地防止反射裂缝的能力，同时也能获得较高的整体强度。

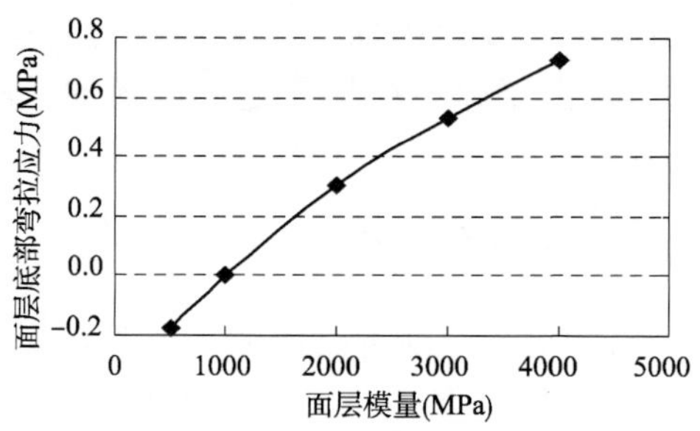

图 3-13　面层模量对面层底部拉应力的影响

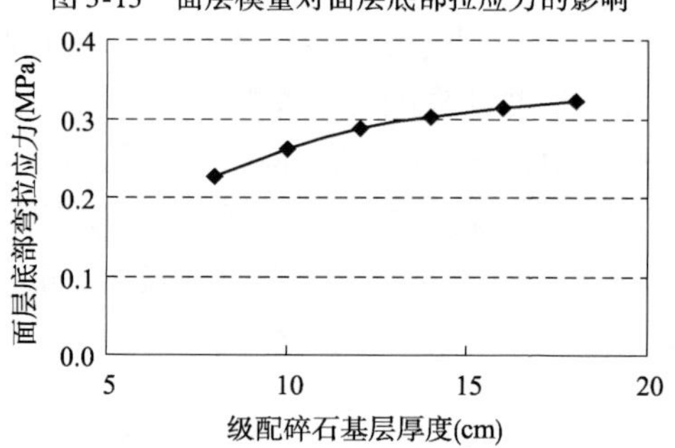

图 3-14　基层厚度对面层底拉应力的影响

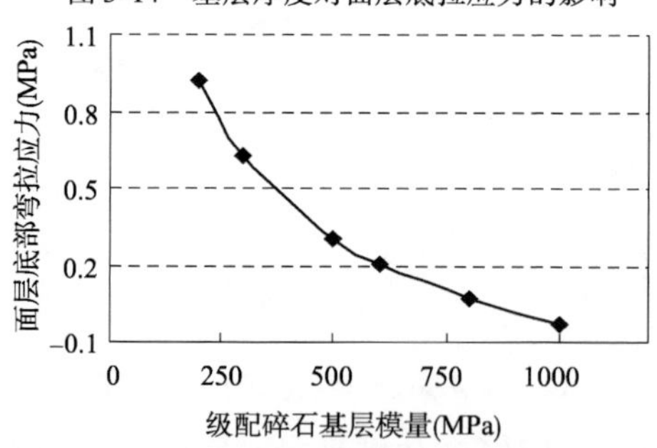

图 3-15　基层模量对面层底拉应力的影响

同时，级配碎石基层模量对沥青面层拉应力影响很大，提高其模量可以有效减小面层底部拉应力，因此，要采用大粒径、高密度、高模量的级配碎石基层。

（3）水泥稳定碎石基层模量和级配碎石底基层模量对沥青面层拉应力的影响

由图 3-16 和图 3-17 可以看出，水泥稳定碎石基层模量和级配碎石底基层模量对面层底部拉应力影响很小，由此，在水泥稳定碎石基层与沥青面层间设置级配碎石层后，采用回弹模量偏小的低剂量水泥稳定碎石基层，并不会增大面层疲劳破坏的危险。

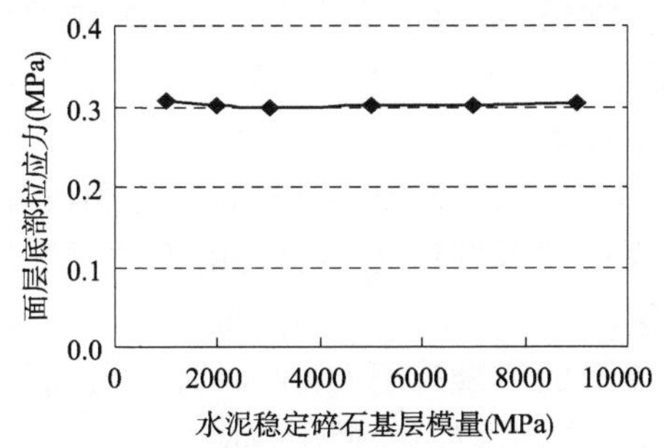

图 3-16　水泥稳定碎石基层模量与面层底部拉应力

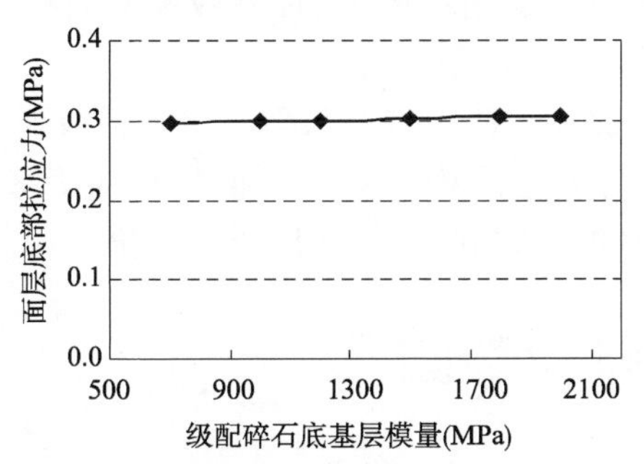

图 3-17　级配碎石底基层模量与面层底部拉应力

（4）面层底部拉应力分析结论

①对面层底部拉应力影响较大的因素有面层厚度、模量和级配碎石层厚度、模量，路面结构设计中，可以通过增加面层厚度、级配碎石基层模量或适当选用碎石基层厚度来提高面层的抗疲

劳能力。

②采用级配碎石层后,水泥稳定碎石基层模量对沥青面层底部拉应力影响不大,采用模量较小的低剂量水泥稳定碎石基层不会增大沥青路面疲劳破坏的危险。

3.3.3 含级配碎石层沥青路面结构设计的建议

综合级配碎石力学性能研究及力学分析的结论,对含级配碎石层沥青路面结构设计建议如下:

(1)级配碎石材料位于底基层时回弹模量可以取 1000 ~ 2000MPa,位于水泥稳定碎石基层上方时回弹模量可取 400 ~ 600MPa。级配碎石作为提高路面整体强度的结构层时,建议置于路面半刚性基层以下。

(2)在水泥稳定碎石基层与沥青面层之间设置级配碎石层,可以有效防止反射裂缝的产生,但是,由于此时级配碎石层模量较低,面层底部拉应力较大,为了防止面层疲劳开裂,要采用大粒径、高密度、高模量的级配碎石材料,同时,要控制级配碎石层厚度介于 10 ~ 15cm 之间,以减小面层拉应力。

(3)可以通过增加面层厚度、提高级配碎石基层模量来减小路面表层剪切应力和层间剪切应力。

(4)对于水泥稳定碎石基层与面层间设置级配碎石层的沥青路面,水泥稳定碎石基层模量对沥青面层拉应力影响不大,可以采用低剂量的水泥稳定碎石材料,以降低造价。

3.4 级配碎石层施工

保证级配碎石基层施工质量是级配碎石层实现其预期功能的前提。只有将级配碎石层铺筑成高密实度、均匀并具有良好透水性的高质量结构层,才能保证其减缓裂缝、排水和抗疲劳等功能的发挥。为此,对于级配碎石层的施工,应严格遵循以下三个要求。

(1)严格控制碎石原材料的质量

严格控制碎石原材料强度、压碎值、集料中粒径小于0.5mm细料的塑性指数、集料中针片状颗粒含量等指标在规定范围内，同时保证集料洁净。

(2)严格控制级配碎石层材料级配组成

严格的级配是碎石层取得良好嵌锁力，从而获得高密实度、高强度、良好透水性的关键。对级配碎石层的施工必须始终保持其生产级配满足规定要求。

(3)保证级配碎石层充分压实

高密实度(密实度≥100%)是碎石层获得高强度和良好抗永久性变形性能的重要保证，施工过程中必须保证压实含水率和科学的压实工艺。

3.4.1 施工工序

级配碎石厂拌法施工工艺如图3-18所示。

3.4.2 配料

严格控制料场碎石质量，各级矿料应严格分别堆放，严禁混杂；细集料应有覆盖，防止淋雨。

配料前，对40～20mm、20～10mm、30～10mm、10～5mm以及石屑进行严格筛分。再根据最终采用级配碎石之级配，严格确定各级碎石所占比例，并换算为体积比以便装载机配料。配料拌和后应定期抽检所出混合料级配，实时控制和调整进料比例。

3.4.3 拌和

对于优质级配碎石施工，要求采用厂拌法，实践证明，集中厂拌混合料比路拌混合料更为均匀而不易离析。此外，拌和中含水率宜高于最佳含水率1%～2%，以抵消运输和摊铺过程中水分散失并利于碾压。

拌和机应该保持良好的工作状态，根据级配碎石材料最大粒径情况适当调整叶片，确保具有适当的尺度及净空。同时调整各料仓的开度，使拌和成的混合料满足级配碎石的级配要求。

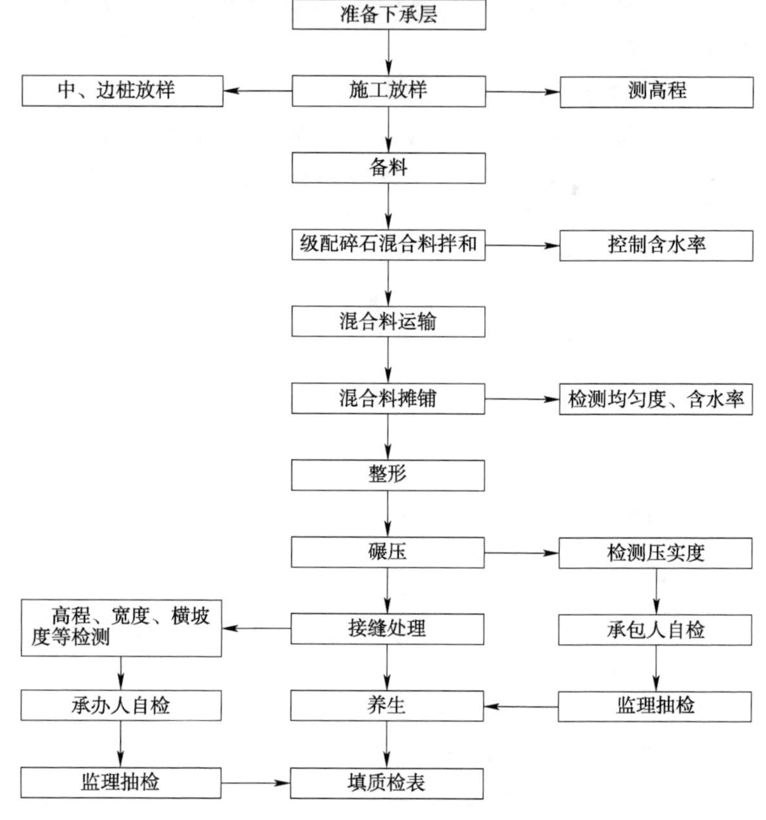

图 3-18　级配碎石厂拌法施工工艺

3.4.4　现场施工前的准备工作

在摊铺前，要检查下卧层的施工情况，下卧层的坡度、高程、横断面应满足要求。同时，在摊铺前视现场情况，在下卧层上洒水，使下卧层顶面保持适宜的湿度。在正式摊铺前，要首先进行试铺以确定松铺系数，试铺时可以按照松铺系数 1.35 进行。

3.4.5 摊铺

级配碎石的摊铺应采用摊铺机进行,如果没有摊铺机,可采用平地机摊铺,但此时应严格控制摊铺质量,减少离析。

用摊铺机进行摊铺时,采用两台摊铺机梯队作业,并进行全幅摊铺。两台摊铺机一前一后相隔 5 ~ 8m。

摊铺时注意材料离析,应设专人随时对离析处进行处理。对于粗集料集中的块状离析和条状离析,应添加细集料,并拌和均匀;对于细集料集中的块状离析,应添加粗集料。

3.4.6 碾压

级配碎石摊铺后,应该立即进行碾压。碾压时,根据情况以喷雾式洒水车适当洒水,使级配碎石在最佳含水率下进行碾压,达到要求的压实度。如果含水率过多,待其干到接近最佳含水率时,再用压路机进行碾压。

直线和不设超高的平曲线段,由两侧路肩开始向路中心碾压;在设超高的平曲线段,由内侧路肩向外侧路肩进行碾压。

对于作为上基层的优质级配碎石,压实度要求较高(不小于100%),宜采用振动压实,建议初压和终压采用大于 12t 的两轮或三轮钢轮压路机碾压,复压采用工作重大于的 12t(振动总作用力不小于 200kN)的振动压力机碾压 4 ~ 6 遍,整个碾压过程 6 ~ 8 遍。碾压过程中,可根据压实情况对碾压方案进行调整。严禁压路机在已完成的或正在碾压的路段上掉头或紧急制动。

碾压不平之处,应耙松补充材料,或移除多余部分,然后碾压整平。施工后的级配碎石层坡度、高程及横断面必须达到设计要求。

施工后的级配碎石上应马上洒透层沥青或铺封层,洒透层沥青或铺封层前,禁止开放交通,以避免碎石表层在车辆的行驶作用下松散。

3.4.7 接缝处理

第一天完成的级配碎石接缝处的混合料，可以留 5 ~ 8m 范围不碾压，第二天洒水后和新摊铺的混合料一起碾压。

3.4.8 现场检测

压实后的级配碎石必须进行材料含水率、现场压实度、筛分、平整度试验，并检测压实后的结构厚度是否满足要求。同时，进行弯沉、承载板回弹模量测定、根据情况进行 FWD 试验。级配碎石的现场检测频率见表 3-10。

级配碎石的现场检测频率 表 3-10

试验内容	质量要求	试验方法	试验频度
施工含水率	与要求含水率相差不超过 2%	挖坑	随时观测
筛分	符合级配范围	室内筛分	每段结构至少 10 个点
离析情况	基本上无离析	目测	随时
现场压实度	98% 或 100%	灌砂法	每段结构至少 10 个点
弯沉	实测	贝克曼梁和 FWD	每车道 25m 一个测点
回弹模量	实测	承载板	每段结构至少 10 个点
平整度	8mm	3m 直尺	每 200m 两次，每次连续 10 尺
	标准差不大于 3mm	连续式平整度仪	—
厚度	平均值 8mm，单点 15mm	挖坑	每段结构至少 10 个点

3.5 小结

综合以上级配碎石力学性能研究及力学分析，得到以下结论：

(1) 为了获得高密度、高模量的级配碎石，综合研究表明，集料最大粒径宜稍粗，过 5mm 筛含量为 40% 左右，过 0.5mm 筛含量以不大于 15% 为宜。碎石材料采用连续级配可以得到较大的密实度和较高的强度。

(2)含水率和密实度对级配碎石动弹模量影响较大，小于或等于最佳含水率及高密实度可以提高级配碎石强度及抗变形能力，为此，施工时要保证级配碎石层的充分压实，养护过程中要保证碎石基层排水，控制其含水率。

(3)级配碎石材料位于底基层时回弹模量可以取 1000 ~ 2000MPa，位于水泥稳定碎石基层上方时回弹模量可取 400 ~ 600MPa。级配碎石作为提高路面整体强度的结构层时，建议置于路面半刚性基层以下。

(4)在水泥稳定碎石基层与沥青面层之间设置级配碎石层，可以有效防止反射裂缝的产生，但是，由于此时级配碎石层模量较低，面层底部拉应力较大，为了防止面层疲劳开裂，要采用大粒径、高密度、高模量的级配碎石材料，同时，要控制级配碎石层厚度在 10 ~ 15cm，以减小面层拉应力。

(5)可以通过增加面层厚度、提高级配碎石基层模量来减少路面表层剪切应力和层间剪切应力。

(6)对于水泥稳定碎石基层与面层间设置级配碎石层的沥青路面，水泥稳定碎石基层模量对沥青面层拉应力影响不大，可以采用低剂量的水泥稳定碎石材料，以降低造价。

4 土工材料防治反射裂缝机理及效果评价

4.1 概述

如前所述,我国的高速公路路面结构绝大多数采用半刚性基层和底基层。半刚性基层具有板体性好、强度高、经济性好等优点,但由于材料易干缩和温缩,导致半刚性基层不可避免地出现裂缝,从而导致荷载和环境作用下面层出现反射裂缝,导致沥青路面的最终破坏,因此,通过路面结构设计采取措施减缓或消除反射裂缝是保证半刚性路面长期使用性能的关键。

根据国内外的研究成果,防止半刚性基层反射裂缝产生的方法有好多种,如设置应力吸收层、设置应力隔离层、使用高性能沥青、加厚面层等方法。但对于二级、三级公路的薄沥青面层结构,研究表明,通过路面结构精心设计,可以实现道路建设经济性和实用性的统一。常用的方法是,在半刚性层与沥青面层间设置级配碎石层、采用低剂量水泥稳定粒料层以及在沥青面层和半刚性基层之间铺设土工材料。

土工合成材料在防止反射裂缝的产生上所发挥的力学效应主要包括:软弱夹层作用,可增大基层内的垂直裂缝沿界面向水平方向发展的可能性,从而延缓裂缝反射到路表的时间;桥联作用,裂缝进入沥青混凝土面层后,土工合成材料将使开裂断面具有一定的抗弯拉能力,减少裂缝张开变形,降低裂缝尖端的拉应力集中;嵌锁咬合作用,将提高开裂断面抗剪切传荷能力,降低裂缝尖端的剪应力集中。大量工程实践证明,土工合成材料用于防裂是比较有效的，在基层表面铺设一层土工合成材料，既有缓冲裂缝端部应力集中的作用，也对沥青路面有加筋作用，可延缓裂缝发展、减少裂缝数量，并可适当提高基层的疲劳寿命。

因此，本书通过对合成材料加筋半刚性沥青路面进行断裂力学有限元分析，了解荷载作用下裂缝的发展规律以及合成材料的加筋机理。

4.2 反射裂缝研究概述

自20世纪30年代以来，反射裂缝一直为各国学者所关注，他们为此开展了多方面的研究工作，这些研究工作使得我们对反射裂缝的形成过程和发展情况有了一定的了解，为防治反射裂缝提供了理论依据，现针对裂缝的产生、扩展以及防治简单阐述如下。

4.2.1 反射裂缝的产生

半刚性基层开裂后，整个路面结构体系的边界条件发生了变化。由于裂缝的存在，路面结构在外加荷载作用下产生的应力和位移在基层裂缝处不再连续，尤其是在裂缝上面的沥青面层底部(图4-1)会有很大的应力集中。不论是交通荷载还是温度荷载，在裂缝附近都会产生很大的应力集中，这是裂缝继续向沥青层传播的基本原因。为方便起见，常常把温度变化引起的反射裂缝称为温度型反射裂缝，相应地，把行车荷载引起的反射裂缝称之为荷载型反射裂缝。

4.2.2 反射裂缝的扩展

传统的强度理论认为，当沥青面层中某点的临界应力超过沥青混凝土本身的极限强度时，沥青面层将会遭到破坏，实际上并非如此。沥青面层中的反射裂缝从其产生到整个路面破坏，中间要经历一个裂缝扩展阶段，即反射裂缝在面层厚度方向上的纵向扩展和在其表面的横向扩展。

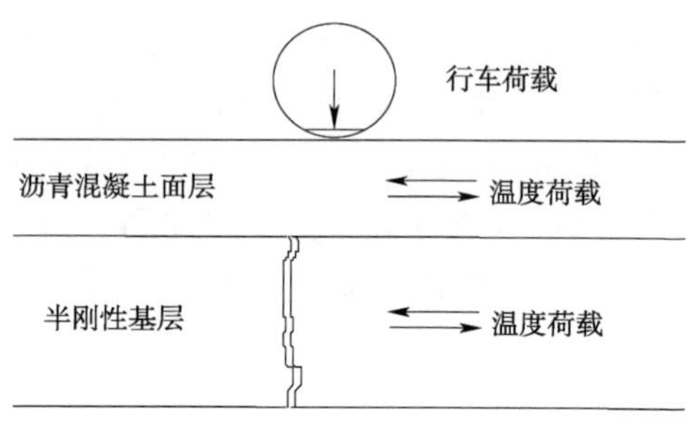

图 4-1　反射裂缝的产生

(1)反射裂缝的纵向扩展

断裂力学认为,裂缝的扩展有三种位移模式:张开模式、剪切模式和撕开模式。温度应力对反射裂缝的影响模式为张开模式,裂缝通常产生于沥青面层顶面或底面,而后逐渐向面层中间发展。行车荷载对反射裂缝的主要影响模式是张开模式和剪切模式,当车轮驶经裂缝的正上方时,以张开模式引起反射裂缝,一般产生于面层的底部,在周期性荷载的作用下垂直向上扩展;当车轮驶经裂缝之前和之后的位置时,主要以剪切模式影响反射裂缝,裂缝在面层中以一定的角度向上发展。撕开模式在面层中不常出现。

当车轮荷载(偏荷载)和温度应力共同作用于复合面结构时,Rigo 等人的分析结果显示,裂缝的扩展介于偏荷载和温度应力单独作用时裂缝扩展路径之间,比偏荷载作用时的裂缝扩展途径更垂直一些。

(2)反射裂缝的横向扩展

众所周知,反射裂缝在瞬间是不可能贯穿整个路面宽度的,除非在应力作用时,裂缝的长度已经等于或大于相对于整个路面宽度的临界长度(这里的临界长度是指当裂缝的长度接近或大于该长度时,裂缝将扩展非常快而且不稳定)。较为合理的发展过程是,裂缝首先在路面某些位置产生,然后再向两侧扩展。一般情况下,反射裂缝多出现在轮迹处,因为温度对反射裂缝的影响在整个路面宽度内都是相同的,而行车荷载则是以一定的频率分布在车道上的,尤其是在渠化交通的道路上。

4.2.3 防治反射裂缝的措施

为减少反射裂缝的数量和延缓反射裂缝的发展速度,国外从1932年以来,已尝试了许多预防措施。其中,加筋沥青罩面层和应力/应变吸收薄膜夹层一直是研究者关注的热点。我国从20世纪80年代起也进行了一些研究,这些研究主要集中在针对控制反射裂缝产生和发展的力学分析上,并提出了一些防范措施。例如:

(1)在结构设计中增加沥青层厚度。

(2)在层间增设补强层、应力消散层或防裂层,如土工布、土工网格、橡胶沥青砂、沥青碎石等。

(3)在材料性能方面,改善沥青混合料的力学性能(如使用橡胶沥青或改性沥青及特殊的配合比设计方法(如SMA等)、添加加强纤维,改善沥青罩面层性能。

(4)对旧混凝土板和沥青层采取一定的处理措施,如旧混凝土板采用破碎加固的方法处理,面层实行锯口封缝法等。

总的说来,目前各类措施的防反效果在定性、定量上很不一致,一方面未对各种防治措施从效果、经济性等多个方面进行系统评价,另一方面也表明目前各种措施的防治效果是十分有限的。要想较好地防治反射裂缝,必须对各种处治方法进行深入细致的研究。

4.3 断裂力学的基本概念

4.3.1 裂缝扩展的三种基本形式

任何工程结构都不可避免地存在着类似于裂纹的缺陷,也许是结构材料中固有的,或是制造加工过程中造成的,也可能是使用过程中造成的损伤。这些缺陷的存在和扩展,降低了结构的承载能力,甚至使之失效。断裂力学就是研究含裂缝的构件在各种环境下(包括荷载作用、温度变化、湿度变化等)裂缝的平衡、扩展、失稳规律以及构件强度变化的一门学科。

按裂纹的受力特点和位移特点,可以把它们抽象化为三种基本类型:

(1)张开型裂缝(Ⅰ型),如图4-2a)所示。正应力σ和裂缝面垂直,在正应力作用下,裂缝尖端处左右两个平面张开而扩展,且裂缝扩展的方向和σ作用方向垂直。这种裂缝扩展模式称为张开型裂缝,也称为Ⅰ型裂缝。

(2)滑开型裂缝(Ⅱ型),如图4-2b)所示。剪应力τ和裂缝表面平行,而且它的作用方向也与裂缝方向垂直。在剪应力作用下裂缝的上下两个平面相对滑移而扩展。这种裂缝扩展模式称为滑开型裂缝,或称为Ⅱ型裂缝。

(3)撕开型裂缝(Ⅲ型),如图4-2c)所示。剪应力τ和裂缝表面平行,而且它的作用方向也与裂缝方向平行。在剪应力作用下裂缝的上下两个平面撕裂扩展。这种裂缝扩展模式称为撕开型裂缝,或称为Ⅲ型裂缝。

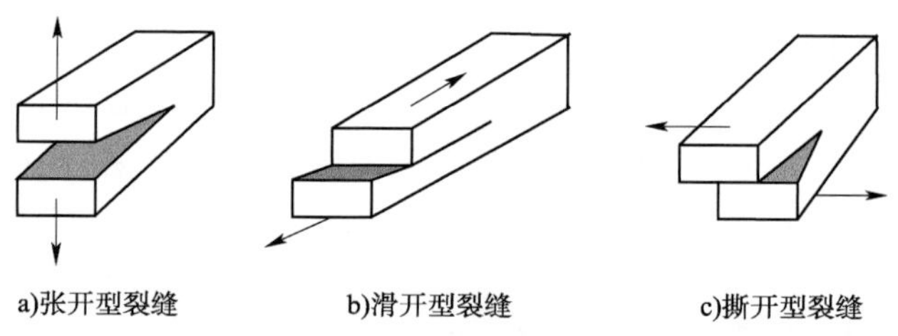

图4-2 裂缝扩展模式

实际工程结构并不仅仅承受拉伸荷载,还可能承受剪切荷载(面内剪切或离面剪切)与扭转荷载,因此,裂纹可能同时属于Ⅰ型、Ⅱ型和Ⅲ型,即出现复合型断裂裂缝。在路面工程或材料中以Ⅰ型裂缝最常见,同时它也是最危险的裂缝形式。

4.3.2 线弹性裂纹尖端奇异场

除非材料是理想弹性的，否则含裂纹体在任何外载下，在其裂纹尖端都必有塑性变形。但是，当外载不太大，裂纹尖端塑性区与裂纹本身尺寸相比小得多的情况下，可认为整个构件的力学行为主要由小塑性区外的广大弹性区所决定。因此，在线弹性断裂力学分析中，可认为材料是线弹性的，并且暂不考虑裂纹尖端极小范围内的屈服问题。

由弹性问题的解析函数方法，求得线弹性断裂力学中Ⅰ、Ⅱ、Ⅲ型裂纹问题的裂纹尖端奇异场。

Ⅰ型裂纹：

$$
\begin{cases}
\sigma_x = \dfrac{K_{\mathrm{I}}}{\sqrt{2\pi r}}\cos\dfrac{\theta}{2}\left(1-\sin\dfrac{\theta}{2}\sin\dfrac{3\theta}{2}\right)+\cdots \\
\sigma_y = \dfrac{K_{\mathrm{I}}}{\sqrt{2\pi r}}\cos\dfrac{\theta}{2}\left(1+\sin\dfrac{\theta}{2}\sin\dfrac{3\theta}{2}\right)+\cdots \\
\tau_{xy} = \dfrac{K_{\mathrm{I}}}{\sqrt{2\pi r}}\cos\dfrac{\theta}{2}\left(\sin\dfrac{\theta}{2}\cos\dfrac{3\theta}{2}\right)+\cdots
\end{cases}
\tag{4-1}
$$

$$
\begin{cases}
u = \dfrac{K_{\mathrm{I}}}{8G}\sqrt{\dfrac{2r}{\pi}}\left[(2\chi-1)\cos\dfrac{\theta}{2}-\cos\dfrac{3\theta}{2}\right]+\cdots \\
v = \dfrac{K_{\mathrm{I}}}{8G}\sqrt{\dfrac{2r}{\pi}}\left[(2\chi-1)\sin\dfrac{\theta}{2}-\sin\dfrac{3\theta}{2}\right]+\cdots
\end{cases}
\tag{4-2}
$$

式中：$\chi=(3-\mu)/(1+\mu)$（平面应力），$3-4\mu$（平面应变）（μ 为材料泊松比）；

G——含裂纹弹性体的剪切模量；

K_{I}——Ⅰ型裂纹问题应力强度因子，对于含 $2a$ 长的中心裂纹的无限大板，$K_{\mathrm{I}}=\sigma\sqrt{\pi a}$（$\sigma$ 为远场拉力强度）。

Ⅱ型裂纹：

$$\begin{cases}\sigma_x = -\dfrac{K_{\mathrm{II}}}{\sqrt{2\pi r}}\cos\dfrac{\theta}{2}\left(2+\cos\dfrac{\theta}{2}\cos\dfrac{3\theta}{2}\right)+\cdots \\ \sigma_y = \dfrac{K_{\mathrm{II}}}{\sqrt{2\pi r}}\sin\dfrac{\theta}{2}\cos\dfrac{\theta}{2}\cos\dfrac{3\theta}{2}+\cdots \\ \tau_{xy} = \dfrac{K_{\mathrm{II}}}{\sqrt{2\pi r}}\cos\dfrac{\theta}{2}\left(1-\sin\dfrac{\theta}{2}\sin\dfrac{3\theta}{2}\right)+\cdots\end{cases} \tag{4-3}$$

$$\begin{cases}u = \dfrac{K_{\mathrm{II}}}{8G}\sqrt{\dfrac{2r}{\pi}}\left[(2\chi+3)\sin\dfrac{\theta}{2}+\sin\dfrac{3\theta}{2}\right]+\cdots \\ v = \dfrac{K_{\mathrm{II}}}{8G}\sqrt{\dfrac{2r}{\pi}}\left[(2\chi-3)\cos\dfrac{\theta}{2}-\cos\dfrac{3\theta}{2}\right]+\cdots\end{cases} \tag{4-4}$$

式中:K_{II}——Ⅱ型裂纹问题应力强度因子,对于含 $2a$ 长的中心裂纹的无限大板,$K_{\mathrm{II}}=\tau\sqrt{\pi a}$($\tau$ 为远场剪力强度);

其他参量同Ⅰ型裂纹问题。

Ⅲ型裂纹:

$$\begin{cases}\tau_{xz} = -\dfrac{K_{\mathrm{III}}}{\sqrt{2\pi r}}\sin\dfrac{\theta}{2}+\cdots \\ \tau_{yz} = \dfrac{K_{\mathrm{III}}}{\sqrt{2\pi r}}\cos\dfrac{\theta}{2}+\cdots \\ \omega = \dfrac{2K_{\mathrm{III}}}{G}\sqrt{\dfrac{r}{2\pi}}\sin\dfrac{\theta}{2}+\cdots\end{cases} \tag{4-5}$$

式中:K_{III}——Ⅲ型裂纹问题应力强度因子,对于含 $2a$ 长的中心裂纹的无限大板,$K_{\mathrm{III}}=\tau_0\sqrt{\pi a}$($\tau_0$ 为远场横向剪力强度);

其他参量同Ⅰ型裂纹问题。

在上述各个应力分量(应变)表达式中都包含了 $r^{-1/2}$ 项,这使得当 $r\to 0$ 时,它们均趋向无穷大,这是裂纹尖端附近弹性场的一个重要特征,称之为应力应变对 r 有奇异性,或称这个场为奇异场。

4.3.3 应力强度因子

从上面的公式可以看出,只要有裂缝存在,并且外荷载不等于零(即使很小很小),则裂缝尖端处的应力总是趋向无限大的。如果按照传统的强度理论,无论作用多么微小的荷载,都将导致结构的破坏。也就是说,有裂缝的结构其强度是趋向于零的。但是实际情况并不是如此,许多带裂缝工作的结构在一定的荷载作用下还是稳定的。在这种情况下,只用应力大小来判断结构强度的方法就不适用了,而新的用来描述结构应力场强度的力学参数就是应力强度因子 K_{I}、K_{II}、K_{III}。它们表征了裂纹尖端附近应力应变弹性场的强度,控制着裂尖附近的整个弹性场,它们不只是表示应力应变的大小,而且表示了整个场的能量,有力和能的共同含义。

一般定义三种形式的应力强度因子为:

$$\begin{cases} K_{\mathrm{I}} = \lim\limits_{r \to 0} \sigma_{y} \big|_{\theta=0} \sqrt{2\pi r} \\ K_{\mathrm{II}} = \lim\limits_{r \to 0} \tau_{xy} \big|_{\theta=0} \sqrt{2\pi r} \\ K_{\mathrm{III}} = \lim\limits_{r \to 0} \tau_{yz} \big|_{\theta=0} \sqrt{2\pi r} \end{cases} \tag{4-6}$$

应力强度因子 K 由四部分组成其表达式,即:

$$K = \sigma_0 \sqrt{a} YF \tag{4-7}$$

式中:σ_0——远场应力;

Y——形状系数,与裂纹形状、加载方式、构件几何形状和尺寸有关;

F——宽度修正系数,它表示了构件宽度(相对于裂纹长度而言)对 K 的影响,对于无限大板,F 取为 1。

由式(4-7)可知,决定应力强度因子 K 的因素有外力的大小、加载方式、裂纹长度及形状、构件的几何形状和尺寸。

应力强度因子与应力集中系数是两个完全不同的参数。应力强度因子与应力点坐标无关,它从总体上反映了裂缝尖端附近应力场奇异性的强弱,其量纲为[$FL^{-\frac{3}{2}}$];而应力集中系数是应力集中处最大应力与名义应力之比,它反映了应力集中的程度,是一个无量纲的参数。

4.3.4 断裂韧度与断裂准则

裂缝尖端附近弹性场的常参量应力强度因子 K 表示了在外载作用下的断裂弹性构件裂纹尖端的力学性状,它把影响裂纹尖端性状的各种因素综合为裂尖应力应变场的强度,集中地表现出来,这实际上是以数值表示了不同裂纹尖端趋向开裂的严重程度。因此,这一参量可以决定构件是否由裂纹处发生断裂破坏。

由 K 的各种表达式可以看出,在构件、裂纹、加载方式等确定以后,K 值将随着外力的增大而增大。K 值增大到一定程度时必然会导致构件的断裂破坏。试验表明,对同一材料的不同构件,若以同一种开裂形式加载,且处于同一种应力状态下,那么它们断裂时的 K 值是相同的。这一 K 值自然是一种临界值。我们把Ⅰ型裂纹处于平面应变状态下的这一临界值以 K_{IC}表示,平面应力状态下以 K_{C}表示,把裂纹发生断裂破坏时的快速扩展现象称之为失稳扩展,那么断裂准则可以作如下叙述:当裂纹尖端应力强度因子 K 达到某一临界值 K_{IC}或 K_{C}时,裂纹发生失稳扩展。可表示为:

$$\begin{cases} K_{\mathrm{I}} = K_{\mathrm{IC}}(\text{平面应变}) \\ K_{\mathrm{I}} = K_{\mathrm{C}}(\text{平面应力}) \end{cases} \tag{4-8}$$

临界值 K_{IC}或 K_{C}称为材料的断裂韧度。它们表征材料阻止裂纹失稳扩展的能力,是材料的一种机械性能参量,或称为材料的一种韧性指标。K_{IC}与 K_{C}的关系相当于材料强度极限 σ_b、屈服极限 σ_s与应力 σ 之间的关系。因此,影响断裂韧性的因素应该是构件材料的固有特性(在应力状态一定的情况下讨论),如化学成分、组织、热处理制度、加工工艺、取材方向等。

对于Ⅱ型和Ⅲ型裂缝也有类似的判别式,即:

$$K_{\text{II}} \geqslant K_{\text{IIC}} \tag{4-9}$$

$$K_{\text{III}} \geqslant K_{\text{IIIC}} \tag{4-10}$$

4.3.5 能量原理

正如在弹性力学中可以用能量原理解决问题一样，在断裂力学中也可以从能量的观点研究含裂纹体的问题。最早从能量观点研究含裂纹体断裂问题的是 A A Griffith，他提出了裂纹扩展时能量释放率的概念，并用以解释了材料实际强度远低于理论强度的原因。他指出，只有当裂缝扩展单位面积释放出来的能量高于裂缝扩展单位面积所需要的表面能时，裂缝才可能开始扩展，即

$$G \geqslant 2\Gamma \tag{4-11}$$

式中：G——能量释放率；

2Γ——裂纹扩展单位面积所需要的表面能。

Griffith 将应变能表示为：

$$G = \frac{\pi\sigma^2 a}{E} \tag{4-12}$$

式中：σ——垂直于裂缝方向的张拉应力，作用位置远离裂缝；

a——裂缝长度的一半；

E——弹性模量。

从上式还得出，裂缝失稳时（$G = 2\Gamma$）的张拉应力和裂缝临界长度关系为：

$$\sigma_c \sqrt{a_c} = \text{常数} \tag{4-13}$$

这个关系得到了试验的验证。

但 Irwin 和 Orowan 分别指出了 Griffith 的能量平衡原理仅适用于脆性材料，对于具有塑性变形的材料，能量准则必须得到相应的修改，应该加上塑性变形所做的功，即：

$$G \geqslant 2\Gamma + \Delta \tag{4-14}$$

上式中的 Δ 表示不可恢复的塑性变形所做的功，满足这个关系式，裂缝才会失稳。这个关系式还可以解释为什么塑性材料断裂所需的功比脆性材料要多得多。

4.3.6 最大周向拉应力理论

实际构件上的裂纹，常常不是受单一的 I 型荷载，而可能是"Ⅰ＋Ⅱ"型或"Ⅰ＋Ⅱ＋Ⅲ"型的复合型。单一类型的荷载有相应的应力强度因子 K_{I}、K_{II}、K_{III}，以及临界应力强度因子，即断裂韧度 K_{IC}、K_{IIC}、K_{IIIC}。但是，当承受荷载与位移的不是单一类型而是复合型的裂纹体时，需要另外确定裂纹扩展的临界条件（开裂准则）以及扩展方向（扩展角）。

1963 年，Erdogan 和 Sih 提出了最大周向拉应力理论。这个理论是根据有机玻璃这种极脆材料在纯Ⅱ型变形状态下，裂纹沿与原裂纹平面约成 70°方向发展，而这个方向非常接近裂纹顶端周向拉应力 σ_{θ} 达到最大的方向。提出的这个理论以下述两个假说为基础：①裂纹沿周向拉应力最大的方向开始扩展；②当这个方向的应力强度因子达到临界值 K_{IC} 时，裂纹就开始扩展。即有：

$$\lim_{r \to 0} \sqrt{2\pi r}\,\sigma_{\theta\max} = K_{\mathrm{IC}}$$

按照最大周向拉应力断裂判据，裂缝产生失稳扩展的判定条件为：

$$K^{*} = \cos\frac{\theta^{*}}{2}\left[K_{\mathrm{I}}\cos^{2}\frac{\theta^{*}}{2} - \frac{3}{2}K_{\mathrm{II}}\sin\theta^{*}\right] \geqslant K_{\mathrm{IC}} \tag{4-15}$$

式中，θ^{*} 为裂缝的扩展角，由下列方程解得。

$$K_{\mathrm{I}}\sin\theta^{*} + K_{\mathrm{II}}(3\cos\theta^{*} - 1) = 0 \tag{4-16}$$

在纯剪切情况下，$K_{\mathrm{I}} = 0$，故由式(4-15)和式(4-16)可得：

$$\theta^{*} \approx 70.5°, K^{*} \approx 1.15K_{\mathrm{II}} \tag{4-17}$$

根据有关的试验资料，沥青混合料的断裂韧性 K_{IC} 一般为 0.5～0.8kN/cm。

4.3.7 裂缝疲劳扩展

在疲劳荷载作用下，裂纹的扩展速率（即每一个荷载循环裂纹增长的长度，以 da/dN 表示）是疲劳裂纹扩展规律中最主要的特征量。一般可以用下列函数来表达：

$$\frac{\mathrm{d}a}{\mathrm{d}N}=f$$

式中：a——裂纹长度。

Paris 指出，既然应力强度因子是表征裂缝尖端附近应力、应变场的主要参数，那么也应该是控制裂缝扩展速率的主要参数，为此，他提出了大家所熟知并广泛应用的公式，即裂缝在每次荷载作用下的扩展速率（$\mathrm{d}a/\mathrm{d}N$）是应力强度因子增幅ΔK（$\Delta K = K_{\max} - K_{\min}$）的函数。即

$$\mathrm{d}a/\mathrm{d}N = C\ (\Delta K)^{m} \tag{4-18}$$

式中：ΔK——应力强度因子增幅；

C、m——材料常数。

对上式进行积分，便可得到裂缝扩展到临界裂缝长度 a_{c} 的疲劳寿命 N。

$$N = \int_{a_0}^{a_{\mathrm{c}}} \left[\frac{\mathrm{d}a}{\mathrm{d}N}\right]^{-1} \mathrm{d}a \tag{4-19}$$

尽管 Paris 公式对分析裂缝的扩展起了很大作用，但该公式有一定的局限性。首先，公式只引入了主要参量ΔK，影响裂缝扩展的其他因素，如应力比 R（$R = K_{\min}/K_{\max}$）、环境因素（温度、湿度、介质、加载频率）都隐含在系数 C 和 n 之中；其次，Paris 公式只能适用于一定的ΔK 范围（此范围的上下限因材料而异），在ΔK 很大或很小时，Paris 公式都不能正确地表达 $\mathrm{d}a/\mathrm{d}N$ 的变化规律。后来，Paris 公式又先后得到不断完善，如 Forman 公式、Walker 公式以及其他的一些改进公式。但各个公式都有各自的局限性，也只能适用于某些特定性质的材料，因而在选用时应根据具体情况而定。

4.4 路面结构断裂应力分析

4.4.1 路面计算模型

将半刚性基层沥青面层结构近似地看作一平面应变问题的

四层体系，并且假定在半刚性基层中有一贯穿裂缝，裂缝扩展至沥青面层，扩展长度 a 为 3.0cm。图 4-3 为裂缝尖端附近的网格划分图。

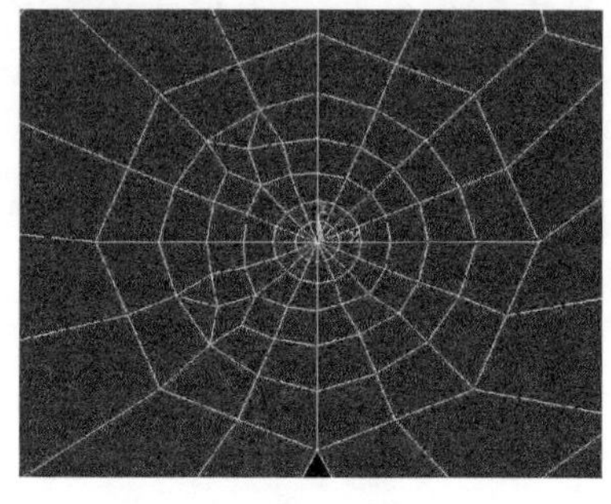

图 4-3　裂缝尖端附近的网格划分图

由于车辆荷载作用时间极短，沥青混合料的应力松弛后效特性难以表现，可以不考虑沥青混合料的黏性，按线弹性假设进行分析。参照有关情况，取材料和结构参数如下：沥青面层厚 12cm，模量 1400MPa；半刚性基层厚 20cm，模量 1500MPa；底基层厚 30cm，模量 600MPa；土基模量 60MPa。

沥青面层表面所承受的交通荷载分对称、偏载（无或有水平荷载情形）三种形式，如图 4-4 所示。其中，垂直荷载为 0.7MPa，水平荷载为 0.21MPa，荷载作用范围 $2r=2r\times15.0$cm。

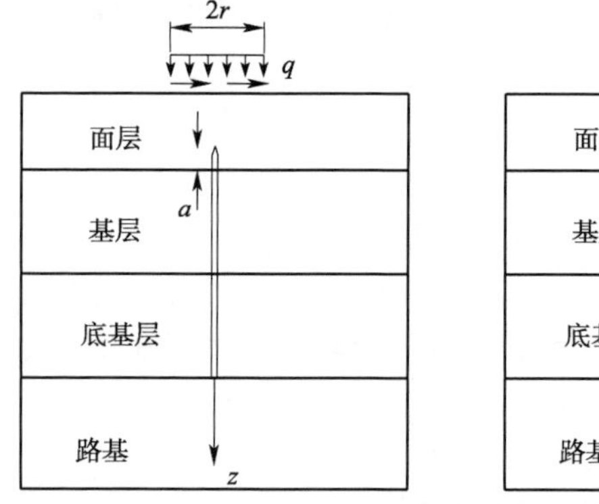

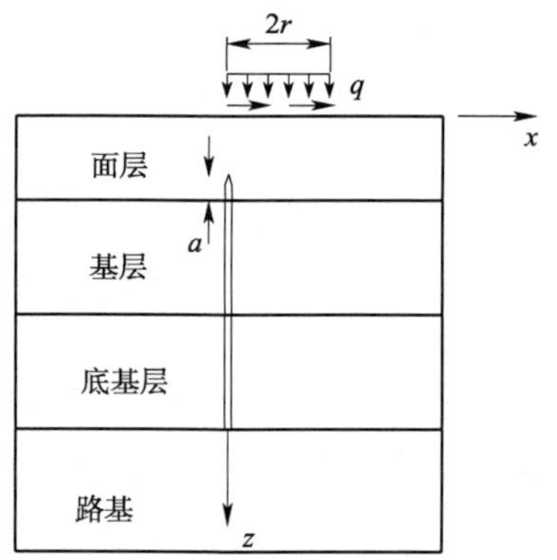

图 4-4　交通荷载最不利加载位置

由于在非对称荷载下，沥青路面中的裂缝属于复合型的。对于复合型裂缝的扩展，采用最大拉应力理论计算裂缝的扩展角 θ 和复合型应力强度因子 K^*。计算中若 $K_{\mathrm{I}}<0.0$，取 $K_{\mathrm{I}}=0.0$。

4.4.2 数值计算和结果分析

1)对称荷载作用下裂缝尖端的应力分析

路面结构所承受的交通荷载为对称荷载,考虑有水平荷载和无水平荷载两种情形。σ_{x1}/q、τ_{xz1}/q 为无水平荷载情况下裂缝上端沥青面层 $x=0$ 截面上的应力荷载比,σ_{x2}/q、τ_{xz2}/q 为有水平荷载情况下裂缝上端沥青面层 $x=0$ 截面上的应力荷载比。计算结果绘于图 4-5 中。

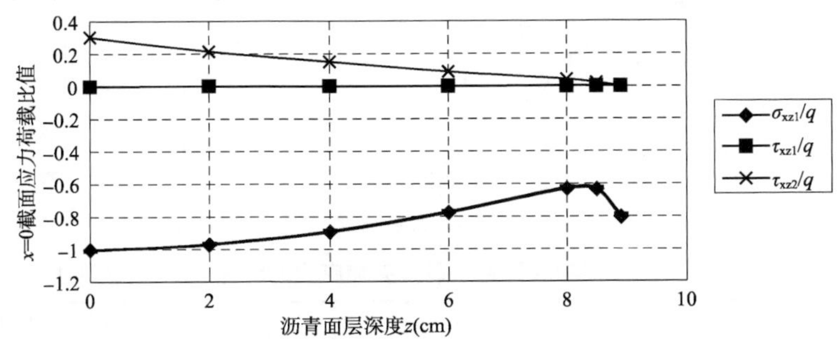

图 4-5 裂缝上端沥青面层横截面上的应力荷载比

由图可以看出:当荷载相对于裂缝面对称作用时,裂缝端截面的剪应力为零,这说明剪切型应力强度因子 K_{II} 为零;同时,裂缝端截面的 x 方向的正应力 σ_x 为负(即为压应力),其张开型应力强度因子 K_{I} 亦为零。在这种情况下,半刚性基层中的裂缝为闭合型裂缝,即它不会导致沥青面层底部拉裂。因此,在研究裂缝发生发展规律时,只需考虑偏载的情况。

同时也可以看出,水平荷载只对裂缝尖端附近的剪应力有影响,正应力基本上不受影响。当无水平荷载作用时,裂缝上端沥青面层 $x=0$ 截面上的剪应力都为零,而当有水平荷载作用时,剪应力由路表面向下逐渐地变小为零。

2)偏载作用下裂缝尖端的应力分析

(1)加载位置

车辆行驶经过裂缝时,不同的加载位置会对裂缝产生不同的受力影响。如图 4-6 所示，当轮载在①裂缝的左边、②裂缝正上方和③裂缝的右边时，裂缝尖端的应力分布是完全不同的。计算时各结构层之间假定完全连续。计算结果如表 4-1、图 4-7 所示。

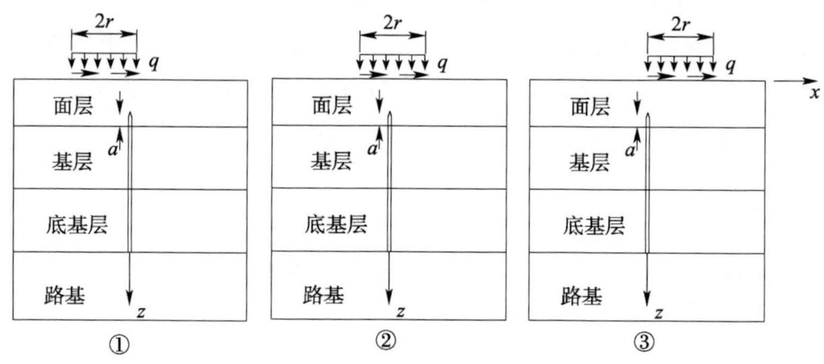

图 4-6　加载位置

不同加载位置下裂缝尖端应力的分布　　表 4-1

z(cm)		0	2	4	6	8	8.9
σ_x/q	①	-0.487	-0.593	-0.582	-0.590	-0.734	-1.981
	②	-1.01	-0.969	-0.886	-0.769	-0.622	-0.792
	③	-0.523	-0.388	-0.353	-0.306	-0.222	-0.454
τ_{xz}/q	①	0.319	0.859	1.042	1.255	1.971	4.88
	②	0.302	0.214	0.151	0.09	0.043	-0.001
	③	0.016	0.604	0.815	1.058	1.743	4.421

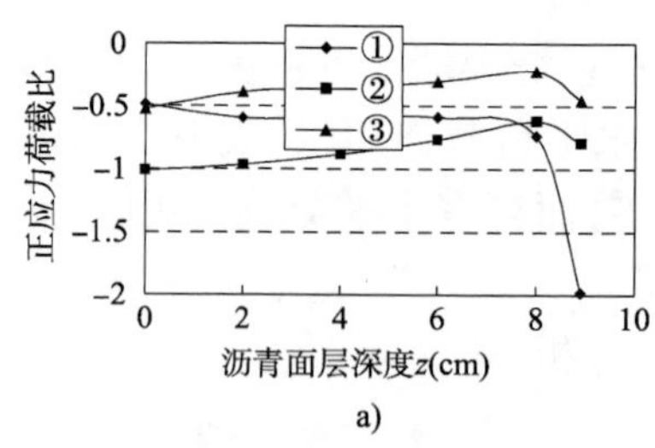

a)

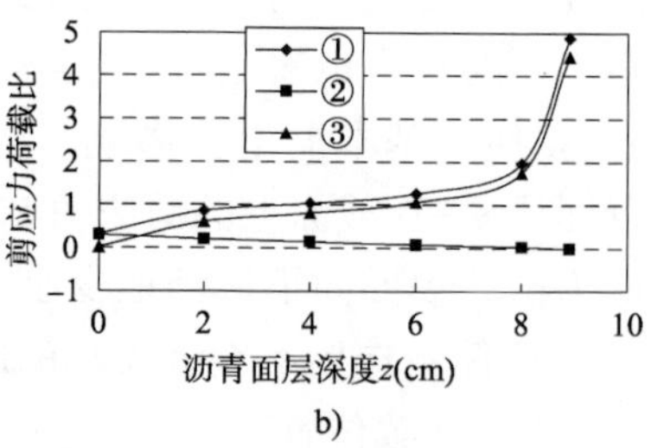

b)

图 4-7　不同加载位置下 $x=0$ 截面裂缝上端的应力荷载比

由表4-1和图4-7可以看出,三种加载位置下,裂缝端截面 x 方向上的正应力 σ_x 都为压应力,其张开型应力强度因子 K_{I} 也都为零,但是荷载在裂缝左边时,裂缝端截面 x 方向上的压应力最大,荷载在裂缝右边时压应力最小。

裂缝端截面 xz 方向上的剪应力受不同加载位置的影响而表现不同。荷载在裂缝正上方时,裂缝端截面的剪应力为零,说明剪切型应力强度因子 K_{II} 为零,而荷载在裂缝两边时,裂缝端截面的剪应力比较大,说明偏载更容易导致沥青面层的剪切型开裂。

(2)层间结合方式

路面各结构层之间的联结状态对裂缝尖端处的应力分布具有较大的影响。现在考虑四种层间结合状态进行分析,计算结果如表4-2、图4-8所示。

不同层间状态裂缝尖端应力的分布 表4-2

z(cm)		0	2	4	6	8	8.9
σ_x/q	①	-0.509	-0.471	-0.092	0.423	1.818	6.306
	②	-0.52	-0.409	0.149	0.903	2.863	8.904
	③	-0.509	-0.472	-0.100	0.393	1.645	5.247
	④	-0.487	-0.593	-0.582	-0.590	-0.734	-1.981
τ_{xz}/q	①	0.321	0.852	0.992	1.126	1.570	3.716
	②	0.317	0.840	1.008	1.218	1.864	4.623
	③	0.319	0.868	1.057	1.282	1.995	4.963
	④	0.319	0.859	1.042	1.255	1.971	4.880

注:①面层与基层间完全光滑,其余各结构层之间完全连续。

②基层与底基层间完全光滑,其余各结构层之间完全连续。

③底基层与土基间完全光滑,其余各结构层之间完全连续。

④各结构层之间完全连续。

计算结果显示出,路面各结构层之间的联结状态对裂缝尖端应力分布影响很大。层间结合状态良好,能改善裂缝处拉应力集中,但光滑接触有利于降低剪应力集中。由于剪应力受层间联结状态影响的变化幅度较小，因此综合两方面考虑，施工中应尽量保证路面各结构层之间联结完好，以延缓路面裂缝的扩展。

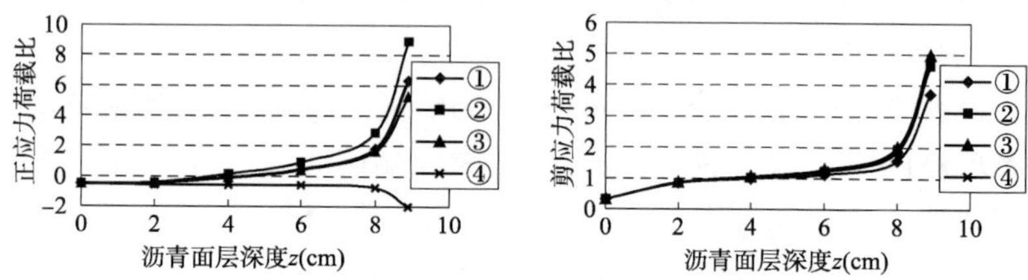

图 4-8　不同层间接触状态下 $x=0$ 截面裂缝上端应力的分布

(3)结构层模量

主要考虑了面层模量和基层模量对裂缝尖端应力的影响，计算结果分别见表 4-3 和表 4-4。

不同面层模量下裂缝尖端的应力分布　　表 4-3

z(cm)		0	2	4	6	8	8.9
σ_x/q	1400	-0.487	-0.593	-0.582	-0.590	-0.734	-1.981
	2100	-0.491	-0.569	-0.487	-0.397	-0.266	-0.550
	2800	-0.495	-0.546	-0.396	-0.208	0.193	0.855
	3500	-0.499	-0.524	-0.308	-0.029	0.633	2.207
	4200	-0.503	-0.503	-0.226	0.141	1.052	3.499
	4900	-0.506	-0.484	-0.148	0.302	1.451	4.735
τ_{xz}/q	1400	0.319	0.859	1.042	1.255	1.971	4.880
	2100	0.320	0.885	1.081	1.296	1.993	4.888
	2800	0.321	0.904	1.108	1.323	1.995	4.851
	3500	0.322	0.919	1.13	1.343	1.991	4.802
	4200	0.322	0.932	1.148	1.359	1.984	4.751
	4900	0.323	0.943	1.164	1.373	1.976	4.7

由表 4-3 中的数值结果可以看出，随着面层模量的增大，裂缝尖端正应力将由压应力逐渐变为拉应力，这主要是因为面层模量变大使得面层内部的应力场由压力场向拉力场转变；相反，剪应

力变化的幅度不是很大，面层模量增加250%，裂缝尖端剪应力才减少4%。因此，提高面层模量不能起到抑制Ⅰ、Ⅱ型反射裂缝的作用，且面层模量较低反而能减缓裂缝发展。

由表4-4中的数值结果可以看出，随着基层模量的增大，裂缝尖端受到的压应力和剪应力也越来越大，基层模量增加250%，裂缝尖端的压应力增加12.4%，剪应力增加7.5%。当裂缝尖端正应力为压应力时，裂缝就不会按照Ⅰ型发展，因此，裂缝尖端剪应力越大，对裂缝是越不利的。可见，基层模量大小仅需使得面层处于受压状态，并使得剪应力尽量小。

不同基层模量下裂缝尖端的应力分布 表4-4

z(cm)		0	2	4	6	8	8.9
σ_x/q	1500	-0.487	-0.593	-0.582	-0.590	-0.734	-1.981
	2250	-0.488	-0.590	-0.572	-0.569	-0.704	-2.008
	3000	-0.488	-0.588	-0.566	-0.557	-0.691	-2.054
	3750	-0.488	-0.587	-0.562	-0.550	-0.687	-2.109
	4500	-0.488	-0.587	-0.560	-0.545	-0.686	-2.168
	5250	-0.488	-0.586	-0.558	-0.542	-0.689	-2.226
τ_{xz}/q	1500	0.319	0.859	1.042	1.255	1.971	4.88
	2250	0.319	0.857	1.042	1.265	2.018	5.033
	3000	0.319	0.856	1.042	1.271	2.045	5.119
	3750	0.319	0.855	1.042	1.274	2.062	5.175
	4500	0.319	0.854	1.042	1.277	2.074	5.215
	5250	0.319	0.854	1.042	1.279	2.084	5.246

4.5 土工材料防反机理的力学分析

土工合成材料防止反射裂缝，具有较强的界面特性，突出体现在土工材料与填料（路用材料）之间的力和变形的相互关系。界面特性的好坏（即体现为土工材料与填料之间联结状态的强弱),直接影响到土工材料改善沥青面层的受力状况、增强其抵抗开裂能力的效果。在有限元计算时,对于土工合成材料,采用薄膜单元结合界面单元进行模拟。

4.5.1 有限元方法

采用平面应变有限元方法进行计算分析,除引入八节点等参单元和反映裂缝尖端奇异性的奇异单元外,采用模拟土工材料的二维薄膜单元和表征结构层间接触状态的接触单元(图4-9)。

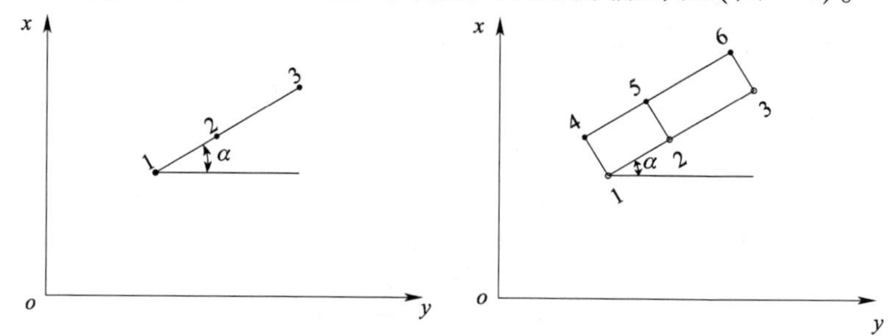

图4-9 薄膜单元与界面单元

薄膜单元内位移 $u(x)$ 可以利用插值函数表示如下:

$$u = \sum_{i=1}^{n} N_i(\xi) u_i = N u^e \tag{4-20}$$

其中

$$N = [N_1 \quad N_2] = \left[\frac{1}{2}(1-\xi) \quad \frac{1}{2}(1+\xi)\right]$$

$$u^e = [u_1 \quad u_2]^{\mathrm{T}}$$

局部坐标系内单元刚度矩阵可以表示成:

$$K^e = \frac{EA}{l}\begin{bmatrix} 1 & -1 \\ -1 & 1 \end{bmatrix} \tag{4-21}$$

式中:E——土工筋材的弹性模量;

A——土工筋材的横截面积;

l——杆件长度。

由于杆系内各单元的局部坐标 x、z 的方向各不相同,在进行结构分析时,需要建立统一的总体坐标系。总体坐标系如图4-10所示,用$\bar{x}$、$\bar{z}$表示,前面已得到局部坐标系x、z内的单元特性矩阵,现在需要通过坐标转换,得到它们在总体坐标系内的表达式。

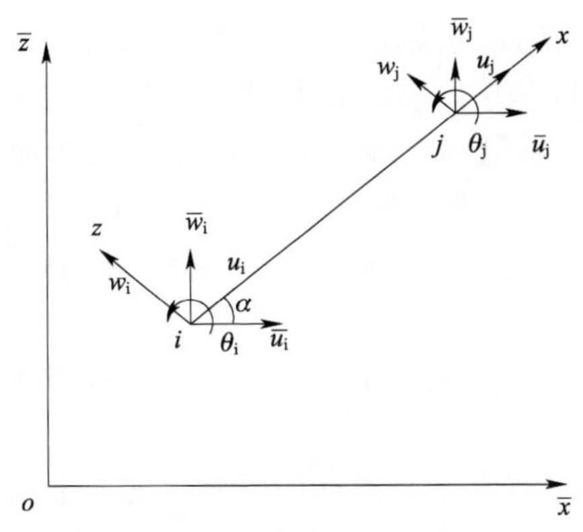

图4-10　总体坐标内的杆单元

令总体坐标系中的结点位移向量表示为:

$$a^e = \begin{Bmatrix} \bar{a}_1 \\ \bar{a}_2 \end{Bmatrix}, \bar{a}_i = \begin{Bmatrix} \bar{u}_i \\ \bar{w}_i \end{Bmatrix} \quad (i = 1, 2) \tag{4-22}$$

局部坐标x轴和总体坐标$\bar{x}$轴之间的夹角用α表示,以从x轴方向顺时针转到$\bar{x}$轴方向为正,则线位移的转换关系是:

$$u_i = l_{x\bar{x}}\bar{u}_i + l_{x\bar{z}}\bar{w}_i$$

$$w_i = l_{z\bar{x}}\bar{u}_i + l_{z\bar{z}}\bar{w}_i \quad (i = 1, 2) \tag{4-23}$$

因此坐标转换矩阵

$$\lambda = \begin{bmatrix} \lambda_0 & 0 \\ 0 & \lambda_0 \end{bmatrix} \tag{4-24}$$

其中:

$$\lambda_0 = \begin{bmatrix} \cos\alpha & \sin\alpha \\ -\sin\alpha & \cos\alpha \end{bmatrix}$$

总体坐标系内的单元刚度矩阵表达式如下：

$$\overline{K^e} = \lambda^T K^e \lambda \tag{4-25}$$

4.5.2 半刚性基层裂缝扩展力学分析

沥青路面结构选用四层体系结构。沥青面层厚12cm，模量1400MPa；半刚性基层厚20cm，模量1500MPa；底基层厚30cm，模量600MPa；土基模量60MPa。分别考虑在沥青面层与半刚性基层之间设与不设土工布两种情形。根据有关资料，选择两种土工布弹性模量 $E = 30\text{MPa}$、3000MPa。它们的抗张拉强度分别为10kPa和50kPa。

土工布与上下结构层、上下结构层之间或者完全联结或者完全光滑。

以往的研究表明，沥青路面的开裂主要是非对称荷载下的剪切型裂缝扩展，所以计算分析图4-11示意的交通荷载图式。其中，垂直荷载为0.7MPa，水平荷载为0.21MPa，荷载作用范围 $2r = 2 \times 15.0\text{cm}$。

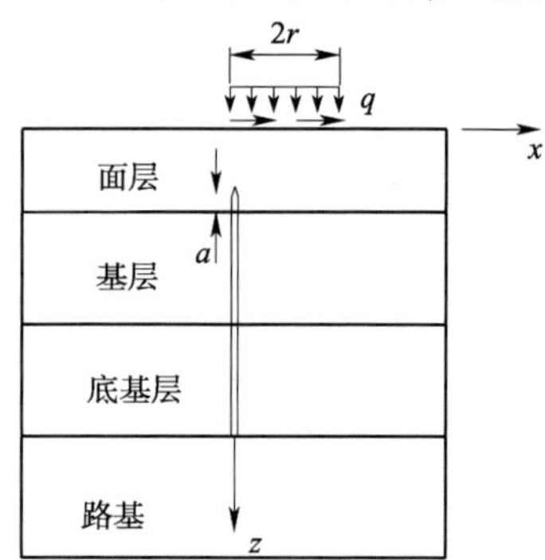

图4-11　交通荷载图式

分析时，对裂缝在面层中的扩展长度 α 取三个值，即 α 分别为1.0cm、3.0cm、5.0cm。

1）土工布的桥联效应及其对裂缝扩展的影响

研究土工布的桥联效应时，分别考虑了土工布的弹性模量和厚度对裂缝扩展的影响。计算结果列于表4-5中，土工布与上下结构层完全联结。图4-12和图4-13为土工布的弹性模量 $E = 0$、30MPa、3000MPa，裂缝扩展长度 $\alpha = 1.0\text{cm}$、3.0cm、5.0cm，它与上下结构层完全联结时，裂缝延长线上拉应力 σ_x、剪应力 τ_{xy} 的分布曲线。图中①表示 $E = 0$，②表示 $E = 30\text{MPa}$，③$E = 3000\text{MPa}$。

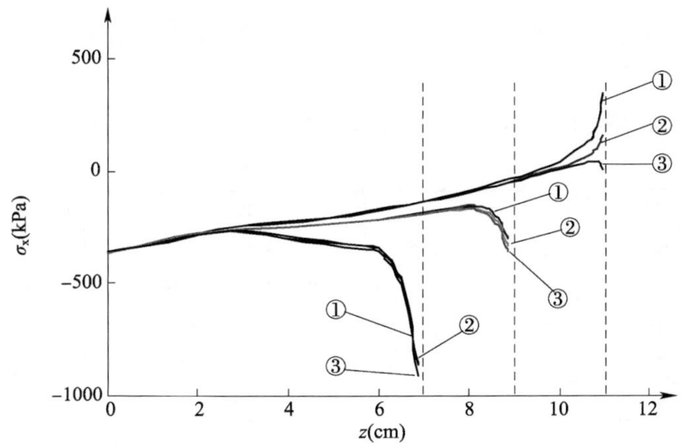

图 4-12　裂缝延长线上拉应力 σ_x 的分布曲线(连续界面)

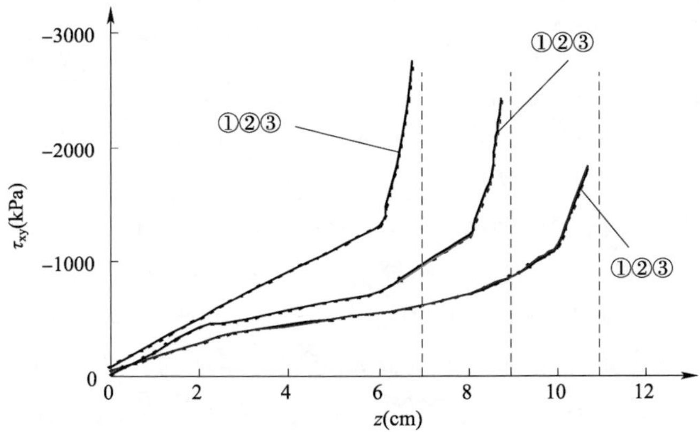

图 4-13　裂缝延长线上剪应力 τ_{xy} 的分布曲线(连续界面)

在面层中刚出现裂缝时,裂缝尖端受拉,土工布处于张拉状态,欲将裂缝两边拉在一起,表现出一种桥联效应,它将降低裂缝尖端的应力集中程度,并随着土工布模量的增大而增强。随着裂缝的扩展,裂缝尖端将渐渐处于受压状态,不产生张拉型开裂,但由于在沥青面层与半刚性基层之间界面处的裂缝仍张开着,土工布继续承受张力,发挥桥联作用(见表4-5最大张力值)。数据表明这种桥联效应随着土工布模量和厚度的增大而略有增强,在裂缝扩展初期较显著,在后期渐趋稳定。

应力强度因子、扩展角和土工格栅最大张力值 T_{max}(连续界面)

表4-5

土工布弹性模量	0MPa			30MPa			3000MPa		
裂缝扩展长度 α(cm)	1.0	3.0	5.0	1.0	3.0	5.0	1.0	3.0	5.0
K_{I} ($MN/m^{3/2}$)	0.0124	-0.0475	-0.1195	0.0121	-0.0476	-0.1193	0.0027	-0.0510	-0.1144
K_{II} ($MN/m^{3/2}$)	0.2158	0.2895	0.3306	0.2158	0.2895	0.3306	0.2162	0.2896	0.3307
θ(°)	67.24	70.53	70.53	67.24	70.53	70.53	70.77	70.53	70.53
K^* ($MN/m^{3/2}$)	0.2414	0.3343	0.3817	0.2416	0.3343	0.3817	0.2482	0.3344	0.3819
T_{max}(kN/m)				0.039	0.022	0.006	1.099	0.570	0.376
布厚度	0.27mm			0.7mm			1.0mm		
裂缝扩展长度 α(cm)	1.0	3.0	5.0	1.0	3.0	5.0	1.0	3.0	5.0
K_{I} ($MN/m^{3/2}$)	0.0069	-0.0494	-0.1164	0.0038	-0.0505	-0.1148	0.0027	-0.0510	-0.1144
K_{II} ($MN/m^{3/2}$)	0.2159	0.2895	0.3306	0.2161	0.2896	0.3307	0.2162	0.2896	0.3307
θ(°)	67.42	70.53	70.53	70.87	70.53	70.53	70.77	70.53	70.53
K^* ($MN/m^{3/2}$)	0.2448	0.3343	0.3817	0.2475	0.3344	0.3819	0.2482	0.3344	0.3819
T_{max}(kN/m)	0.605	0.331	0.121	0.961	0.508	0.246	1.099	0.570	0.376

根据表4-5中应力强度因子的计算结果,土工布对应力强度因子 K_{I} 影响最大,表现在裂缝尖端几乎均由不设土工布时的受拉状态转为受压状态;对应力强度因子 K_{II} 几乎没有影响。因此,裂缝扩展主要受应力强度因子 K_{II} 控制,体现为剪切型裂缝。但无论不铺或铺设土工布,复合应力强度因子 K^* 均随着裂缝的扩展而增大。同时,铺设土工布后,裂缝的扩展角也有所增大,这意味着裂缝将沿着更长的路径到达沥青面层表面。

2)层间结合的界面效应

分别选取以下三种情形:①土工布与上下结构层完全联结;②与上结构层完全联结、与下结构层完全光滑;③与上结构层完全光滑、与下结构层完全联结,计算分析土工布与上下结构层层间接触的界面效应。

表4-6中数值说明，土工布与上下结构层完全联结情形对减弱裂缝尖端拉应力集中程度效果最佳，但不论何种连接方式对于裂缝尖端剪应力均无明显的改善作用，随着裂缝的扩展，尖端剪应力将越大。

同层间接触状况时应力强度因子 表4-6

裂缝扩展长度	1cm			3cm			5cm		
层间接触状况	①	②	③	①	②	③	①	②	③
K_{I} ($MN/m^{3/2}$)	0.0027	0.2818	0.0732	-0.0510	0.3331	0.2208	-0.1144	0.2802	0.3337
K_{II} ($MN/m^{3/2}$)	0.2162	0.1689	0.1615	0.2896	0.2539	0.2532	0.3307	0.3083	0.3076
θ(°)	70.77	43.98	79.35	70.53	48.6	87.54	70.53	88.25	51.85
K^* ($MN/m^{3/2}$)	0.2482	0.3878	0.1499	0.3344	0.5125	0.1909	0.3819	0.2282	0.5691
T_{max} (kN/m)	1.099	11.938	0.379	0.570	23.072	0.379	0.376	3.122	26.08

根据表中复合应力强度因子K^*数值，在裂缝扩展初期，土工布与沥青面层联结情况对裂缝延缓作用不明显，但在裂缝扩展后期，土工布与沥青面层联结不佳会导致裂缝尖端出现较大的拉应力，导致裂缝迅速扩展。

同时，表中扩展角θ的数值说明，在裂缝扩展后期，当土工布与沥青面层底部联结不佳时，裂缝会沿较短的路径更快地扩展至沥青面层表面。

从复合应力强度因子和扩展角两方面分析，在施工中应保证土工布与沥青面层和半刚性基层联结完好，才能最佳地发挥土工布的桥联作用，延长沥青面层的使用寿命。

3）厚度的影响

根据裂缝扩展长度1cm、连续界面、土工布弹性模量E = 3000MPa的情形进行计算。考虑面层厚度影响时，基层厚40cm，其他参数不变；考虑基层厚度影响时，面层厚12cm，其他不变。

从图4-14、图4-15中可以看出，面层厚度对降低裂缝尖端剪应力集中程度效果明显，但却增大了裂缝尖端的拉应力集中程度。

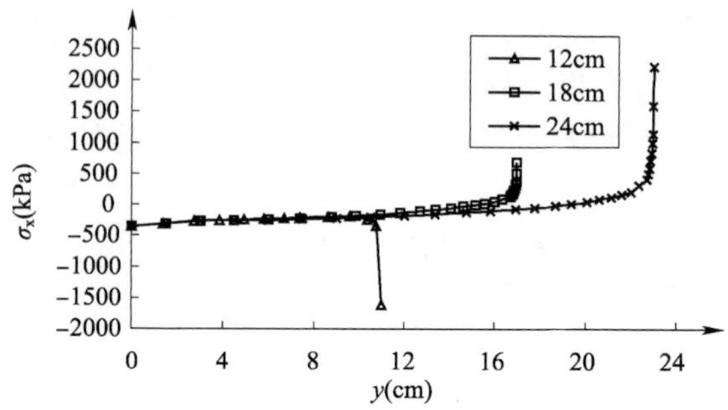

图 4-14　面层厚度对裂缝尖端应力 σ_x 的影响

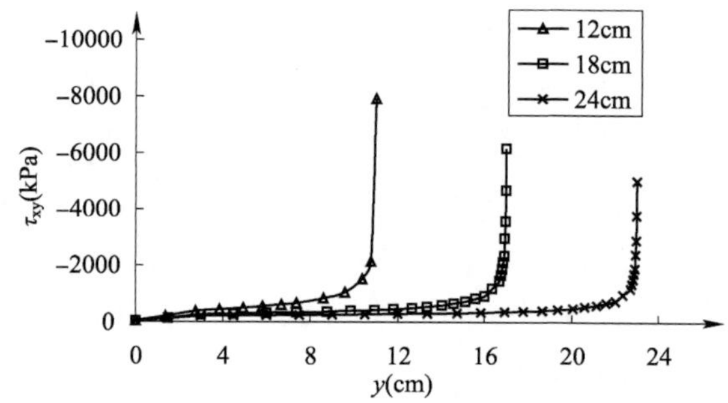

图 4-15　面层厚度对裂缝尖端应力 τ_{xy} 的影响

从图 4-16、图 4-17 中可以看出,基层的厚度对降低裂缝尖端拉应力集中程度效果明显,但却增大了裂缝尖端的剪应力集中程度。

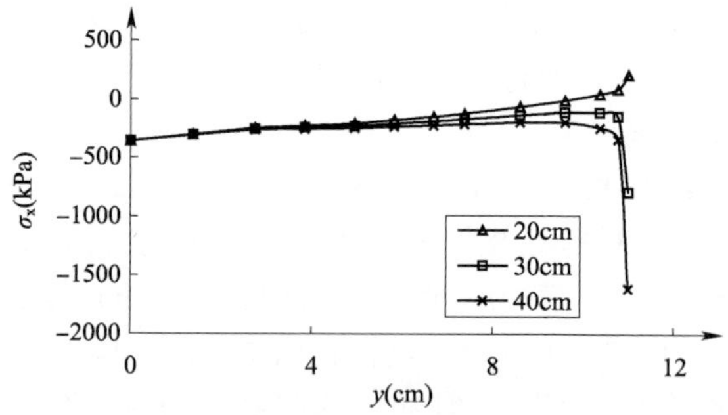

图 4-16　基层厚度对裂缝尖端应力 σ_x 的影响

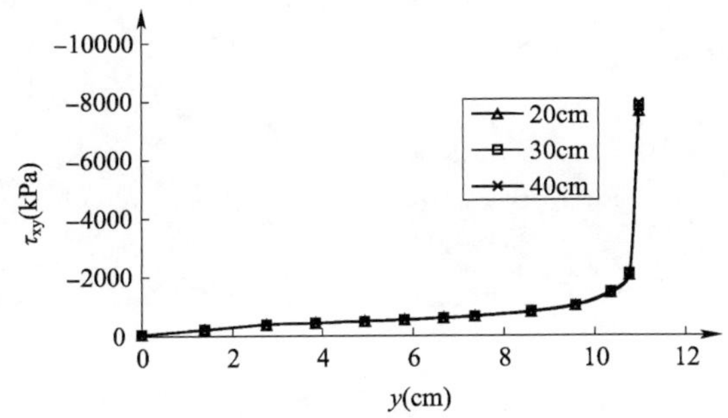

图 4-17　基层厚度对裂缝尖端应力 τ_{xy} 的影响

4.6　聚酯玄武岩纤维布开发及应用

4.6.1　聚酯玄武岩纤维布的开发

聚酯玄武岩纤维无纺布由玄武岩纤维和聚酯纤维混纺后织成无纺布并经喷胶定型,其特征是充分利用了玄武岩纤维的高弹性模量、高抗拉强度、较高的吸油能力以及聚酯纤维的韧性。

生产聚酯玄武岩纤维无纺布的工艺流程是:①将比例为 1:1 ~ 1:1.5 的玄武岩纤维和聚酯纤维投入吸收塔Ⅰ,进行第一次混纺,时间为 30min,再进入吸收塔Ⅱ进行二次混纺,时间为 30min;②混纺均匀的纤维依次经过梳理机、针织机和辊压机,织成 1.0 ~ 1.5mm 厚度的无纺布;③调制增强剂,按 0.4 ~ 0.8L/m^2 胶浆量对无纺布上浆,然后晾干,即形成聚酯玄武岩纤维无纺布。图 4-18 为聚酯玄武岩纤维无纺布生产车间及产品。

按照试验规程,对聚酯玄武岩纤维布和聚酯玻纤布的物理力学性能进行了试验,每项指标均试验了 6 个平行试件,其主要试验技术参数的均值见表 4-7。

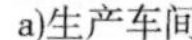

a)生产车间

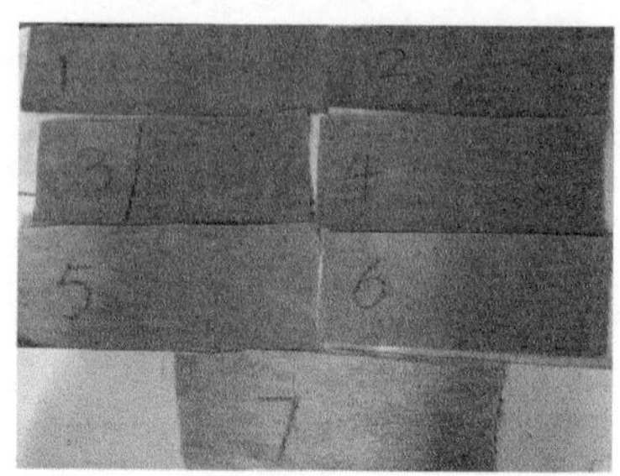

b)产品

图 4-18　聚酯玄武岩纤维无纺布生产车间及产品

聚酯玄武岩纤维无纺布的主要技术参数　　表 4-7

试验项目		单位	聚酯玄武岩纤维无纺布	聚酯玻纤布	测试方法
单位面积质量		g/m^2	252	232	JTG E50—2006
厚度(2kPa)		mm	1.54	1.1	
抗拉强度	纵向	kN/m	10.9	7.16	
	横向	kN/m	2.84	4.76	
断裂延伸率	纵向	%	21.8	6.58	
	横向	%	30.2	5.5	
CBR 顶破强度		kN	1.07	0.68	
沥青吸收量		L/m^2	1.25	0.86	ASTM D6140
熔点		℃	>230	>230	ASTM D276

4.6.2　聚酯玄武岩纤维布路用性能

1)黏结性能

采用 40°斜剪试验测试黏结层抵抗行车荷载水平力作用下产生的剪切应力的能力,同时采用拉拔试验测试铺设土工布后层间的黏结力以评价其黏结性能。按施工过程在室内成形试件,成形的双层车辙板冷却 24h 后,脱模。用双面锯在湿态下把试件加工成 50mm × 50mm × 30mm × 2 层,再用水洗除浮尘,晾干。试验前在试验温度下保温不少于 4h,试验设备装置见图 4-19,试验结果见表4-8。

a)剪切试验设备装置

b)拉拔试验设备装置

图4-19　试验设备装置

黏结试验结果　　表4-8

混合料类型	沥青吸收量（L/m²）	热沥青喷洒量（L/m²）	抗剪切强度（MPa）	拉拔强度（MPa）
无纤维布	0	0	3.016	0.634
聚酯玻纤布	0.8	0.8	1.252	0.475
聚酯玄武岩纤维无纺布	1.25	1.25	2.308	0.516
		1.0	1.729	0.463

试验结果表明：

(1)加铺纤维布后,改变了层间的接触条件,削弱了层间的黏结力,聚酯玄武岩纤维布较同类土工布对层间黏结力影响较小。

(2)根据层状弹性体系理论,由Bisar3计算和相关资料知,黏结层的剪切应力范围为0.18～0.40MPa。加铺纤维布后,层间的黏结力仍满足路面的使用要求。

2)低温抗裂性能

采用低温小梁弯曲试验评价纤维布复合沥青混合料的低温抗裂性能。试验采用最佳油石比成形AC-13C的标准车辙板试件,切割成长 250mm ± 2.0mm、宽 30mm ± 2.0mm、高 35mm ± 2.0mm 的棱柱体小梁。在相应试件的底部,用 AH-70 号沥青黏结聚酯玻纤布或聚酯玄武岩纤维无纺布。试验在 UTM-25 设备上进行,试验温度为 -10℃,加载速率为 50mm/min,试验结果见图 4-20。

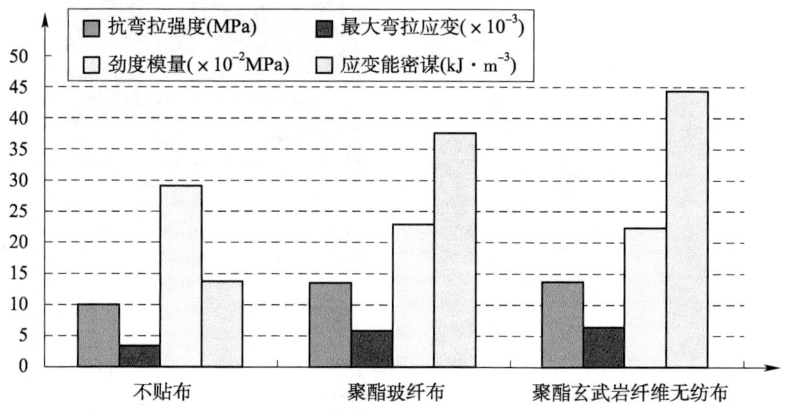

图 4-20　低温弯曲试验比较图

由试验结果可知:

(1)底部粘贴纤维布的小梁低温抗裂性能普遍较不贴布的小梁试件好,表现为贴纤维布的小梁低温弯曲的抗弯拉强度、弯拉应变和应变能密度均有显著增加,表明纤维布可以大幅提高沥青混凝土的低温抗裂性能。

(2)与粘贴聚酯玻纤布的小梁试件相比,聚酯玄武岩纤维无纺布小梁试件的低温抗裂性能有所提高。试验中聚酯玻纤布小梁试件低温弯曲试验结束,试件断裂,纤维布被撕裂;聚酯玄武岩纤维无纺布小梁试件低温弯曲试验结束,试件开裂,裂缝未贯通,纤维布没有变化。

3)纤维布加筋作用

通过极限弯曲试验,测定有无纤维布、聚酯玻纤布和聚酯玄武岩纤维无纺布的沥青混合料的抗弯拉强度、抗弯拉应变,对比分析聚酯玄武岩纤维无纺布对沥青混凝土的加筋作用。

极限弯曲试验是在UTM-25设备上进行，温度为15℃，加载速度为50mm/min，测定沥青混合料小梁试件弯曲破坏的力学性能。试验结果如图4-21和图4-22所示。

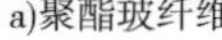

a)聚酯玻纤维

b)聚酯玄武岩纤维无纺布

图4-21　极限弯曲试验

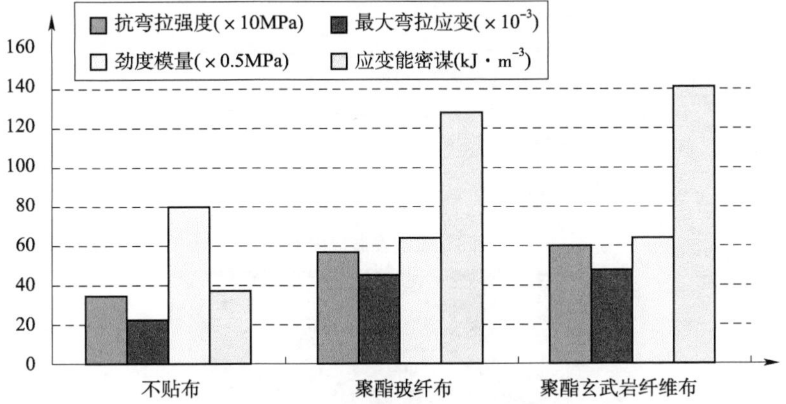

图4-22　极限弯曲试验结果

由图可知，贴布的小梁试件具有较高的抗弯拉强度、弯拉应变，较小的劲度模量。与聚酯玻纤布相比，粘贴聚酯玄武岩纤维无纺布的小梁试件的最大弯拉应变和抗弯拉强度有所增加。从图4-22可以看出，粘贴聚酯玄武岩纤维无纺布后，小梁试件破坏时间明显滞后，在达到设置的最大变形后，试件裂缝很小，纤维布没有变化。由此可知，聚酯玄武岩纤维无纺布具有较好的加筋作用，可以减缓裂缝的产生，增强沥青混凝土的韧性。

4）直剪试验

（1）试验依据

AF. Braham 博士和 William Buttlar 教授针对反射裂缝的研究成果表明，当裂缝垂直向上发展时，沥青面层属于“剪切”破坏模式，而裂缝斜向上发展是“弯拉”和“剪切”复合作用的结果，见图 4-23。2008—2009 年研究人员进行了大量剪切试验，试件破坏路径基本上是垂直向上发展的（图 4-24），表明直剪试验可以很好地模拟“剪切”的受力特性。

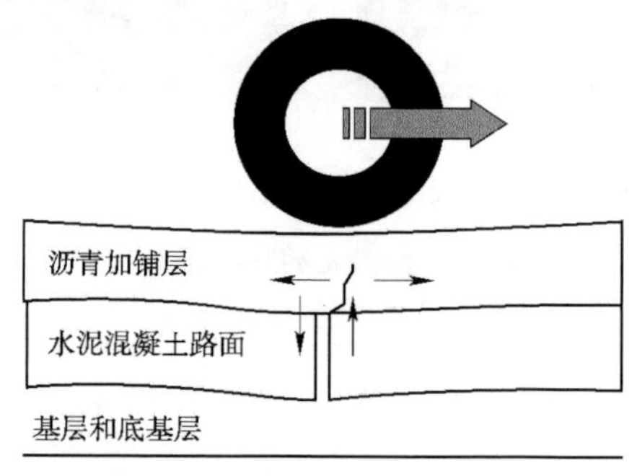

图 4-23　裂缝发展成因解析

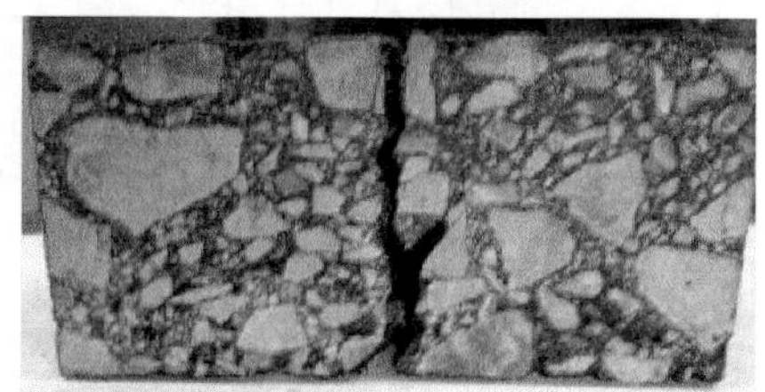

图 4-24　剪切试验的开裂路径图

（2）试验方法

以标准应力环为传力装置，通过对 UTM 轴向加载，应力环产生变形并向沥青混合料试件传递垂直荷载直至破坏，如图 4-25 所示。按《公路工程沥青与沥青混合料试验规程》以最佳油石比成形标准车辙板，喷洒一定量的热沥青，粘贴纤维布，按照试验尺寸割锯 10cm × 10cm × 5cm 的试件（误差在 ±0.2cm 以内），在室温中放置 24h。将试件和试验设备一起放置于 15℃ UTM 环境箱中保温 3h 以上，考虑沥青混合料的性能与加载速度的密切关系，参考小梁低温弯曲试验和常温劈裂试验，选择 20mm/min 加载速率。采用 UTM 的数据采集设备自动采集荷载和位移数据，计算试件的破坏应变、剪切强度和剪切应变能密度。

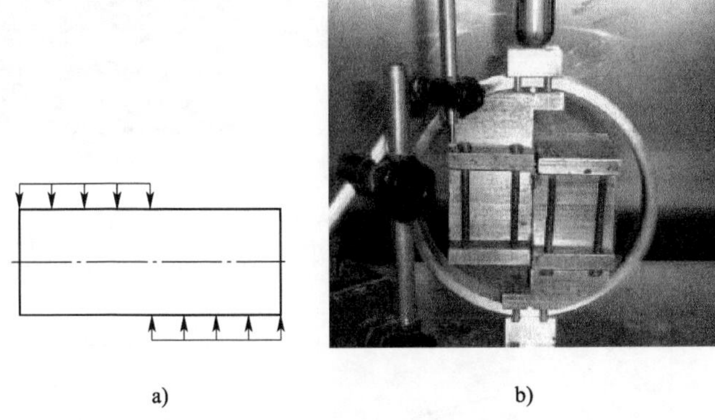

a)　　　　b)

图 4-25　直剪试验加载及装置图

（3）试验结果及分析（表 4-9）

直剪试验结果　　　　表 4-9

混合料类型	热沥青喷洒量（L/m^2）	剪切强度（MPa）	破坏应变（10^{-3}）	剪切应变能密度（10^{-3}MPa）
不贴布	0	3.56	4.03	7.23
聚酯玻纤布	0.8	4.01	4.41	8.62
聚酯玄武岩纤维无纺布	1.25	4.32	4.49	9.37

5）裂缝反射疲劳试验

目前，我国罩面技术通常的维修方法是在原来裂缝路面上加铺沥青罩面层，但是使用一段时间后，原有裂缝会很快反射到新铺的沥青面层上形成反射裂缝，罩面层承载力迅速下降至疲劳破坏。鉴于反射裂缝发生的实际情况，设计了如图 4-26 的评价加铺聚酯玄武岩纤维无纺布后复合沥青混合料的裂缝反射疲劳试验。

对加铺聚酯玄武岩纤维无纺布、聚酯玻纤布及不贴布的3种类型混合料进行试验，选用低、中、高3个应变水平，每个应变水平进行3个平行试件，加载方式为三分点加载，试验温度为15℃。

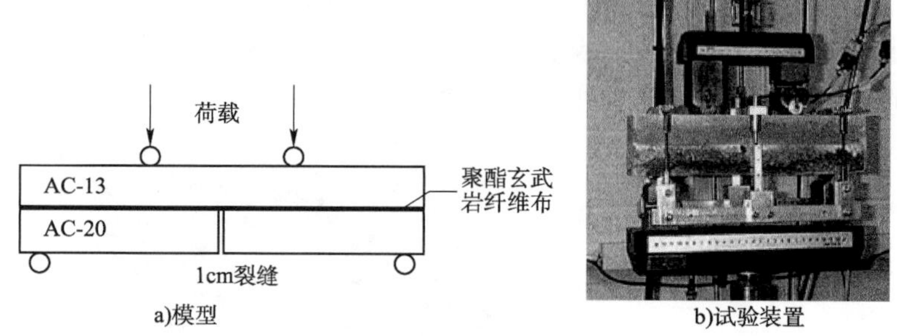

a)模型　　b)试验装置

图4-26　弯曲疲劳试验

以劲度模量为初始劲度模量一半为破坏标准，试验结果如图4-27所示。

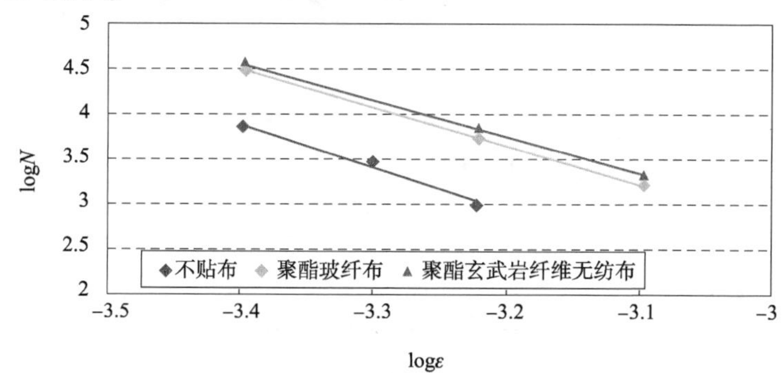

图4-27　应力水平与疲劳寿命关系

由图4-27可知，铺设土工布后，混合料的抗反射裂缝的疲劳寿命明显延长，寿命增长幅度随应变水平提高越发显著。试验结果表明，纤维布具有高强度、高韧性和较好的延展性，与沥青黏层油形成应力吸收膜，在面层与基层或罩面层与旧路面间构成缓冲层，避免应力集中和上下层间的部分相对位移，从而减小层间内应力，抑制并减缓裂缝发展，延长路面使用寿命。

6）渗透性能

路面结构长期暴露在外界环境中，在路面排水条件不好的情况下，雨水、雪水等路表积水，通过面层空隙、裂缝或破损处，渗入沥青路面结构内部，会引起沥青结构层剥落、结构松散。目前道路工程中应用较多的防水材料为聚酯玻纤布，将吸收热沥青的聚酯玻纤布作为隔离层置于沥青面层和基层之间，保护基层材料不受侵蚀。

表征材料透水性能的重要指标是材料的渗透系数或规定时间内的渗水量。本书采用开级配、孔隙率为18%的沥青混合料，轮碾法成形试件尺寸为30cm×30cm×5cm的车辙板，根据车辙板上表面贴聚酯玄武岩纤维无纺布、聚酯玻纤布及不贴布分成3组，参照《公路工程沥青及沥青混合料试验规程》中的渗水试验。将车辙板置于坚实的平面上，在试件表面上沿渗水仪底座圆圈位置抹一薄层密封材料，将渗水仪底座压在试件密封材料圈上，再用铁圈压于其上。最后，用垫块将车辙板支起，将渗水仪量筒注满水（600mL）。试验时，将渗水仪开关打开，量筒的水开始流淌，待水面下降100mL时，开动秒表，直至水面下降500mL时为止。渗水系数按下式计算：

$$C_w = \frac{V_2 - V_1}{t_2 - t_1} \times 60$$

式中：C_w——沥青混合料试件的渗水系数（mL/min）；

V_1——第一次读数时的水量（mL）；

V_2——第二次读数时的水量（mL）；

t_1——第一次读数时的时间（s）；

t_2——第二次读数时的时间（s）。

试验结果如图4-28所示。

由试验结果可知：

（1）不同混合料的防水效果如下：聚酯玄武岩纤维无纺布-1.25>聚酯玄武岩纤维无纺布-1.0>聚酯玻纤布-1.0>聚酯玻纤布-0.8>不贴布。在车辙板上洒布热沥青后加铺聚酯玄武岩纤维布，聚酯玄武岩纤维布在高温下不会收缩变形，可有效防止水分的渗入,形成一个连续、完整、不变形的可靠的防水层。

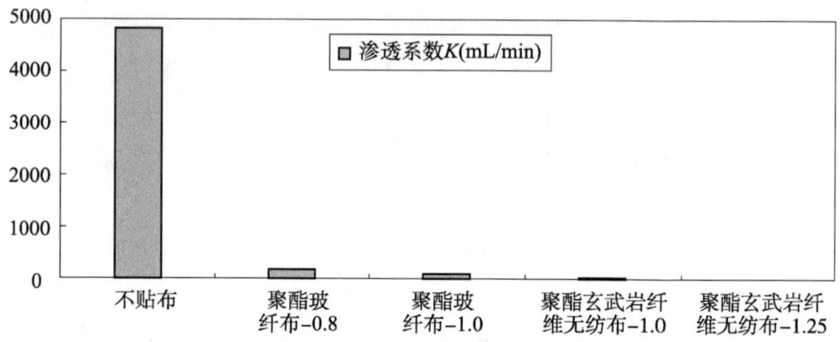

图 4-28　渗水试验结果比较

(2)对于聚酯玻纤布,随着热沥青用量的增加,防渗透性能有显著提高,故在经济允许的情况下,可适当提高黏层油的用量。而对于聚酯玄武岩纤维布,提高黏层油用量意义不大,在保证不低于沥青吸收量的情况下,就可以取得较好的防水效果。

4.6.3　施工工艺和注意事项

以大广高速衡大段二标改建工程为依托,按规范要求对拟定改建路段的破损状况进行人工调查,得知破损最严重的是裂缝类破坏。裂缝主要是由于车辆荷载、温度和水损坏及半刚性基层的收缩开裂引起的。为了检验聚酯玄武岩纤维无纺布的应用效果,2010 年 5 月在大广高速衡大段二标使用了聚酯玄武岩纤维布罩面处理。图 4-29 为聚酯玄武岩纤维无纺布的施工状况。

图 4-29　聚酯玄武岩纤维无纺布的铺设

聚酯玄武岩纤维无纺布施工工序为:旧路表面清扫—测量画线—喷洒黏结料—铺设聚酯玄武岩纤维无纺布—保养维护—铺筑新路面。

1)旧路表面清扫

(1)在喷洒黏结料前,应

将旧路表面清扫干净。

(2)保持工作面无水分，雨后必须待路面干燥后方可施工。

2)测量、画线

(1)在经监理工程师验收合格的旧沥青路面上，对照裂缝标识确定裂缝位置。

(2)按拟铺设的聚酯玄武岩纤维无纺布宽度在裂缝两侧定好基准线，并用石灰或粉笔画线作为铺设聚酯玄武岩纤维无纺布的依据。对于横向裂缝，保证裂缝两侧的布宽不小于0.75m；对于纵向裂缝，保证布宽为1.8～2.0m，裂缝居中。

3)喷洒黏结料

(1)在铺设设备就位后，将支架上的聚酯玄武岩纤维无纺布摆正，使聚酯玄武岩纤维无纺布卷轴垂直于拼接缝或裂缝。

(2)在底面画线范围内用沥青喷洒车洒布热黏结料，喷洒黏结料的横向范围要比聚酯玄武岩纤维无纺布宽5～10cm。

(3)洒布热黏结料时，施工温度应在5℃以上，热黏结料最佳温度应保持在165～180℃。

(4)洒布热黏结料时要喷洒均匀，用量为1.0～1.3kg/m^2，具体用量根据现场摊铺效果确定。

4)聚酯玄武岩纤维无纺布的铺设与搭接

(1)在黏层油仍呈液体状时，立即采用铺设设备进行聚酯玄武岩纤维无纺布铺设施工，不得使沥青喷洒车与铺设设备距离过远。

(2)在进行聚酯玄武岩纤维无纺布施工时，现场操作人员应戴好防护手套，并佩戴防护眼罩，以免被高温热沥青烫伤或被聚酯玄武岩纤维无纺布刺伤手指。

(3)使用牵引车或安装在卡车上的框架来铺设聚酯玄武岩纤维无纺布时，应保持车速平稳均匀，不得忽快忽慢，并及时进行人工调整，以达到铺设平滑的目的。

(4)铺设设备配置涂刷和铁碾子，以保证铺设聚酯玄武岩纤维无纺布时能及时将其压实在黏结料上。若铺设时发生褶皱现象,应当及时用工具刀切开褶皱部位,然后在铺设方向上再搭接起来,用黏结料胶结并压实,以保证聚酯玄武岩纤维无纺布与黏结料的良好黏结。

(5)聚酯玄武岩纤维无纺布铺设施工时,应尽可能铺设成一条直线;当需要转弯时,将聚酯玄武岩纤维无纺布弯曲处剪开,重叠铺设并喷涂黏结料胶结,尽量避免聚酯玄武岩纤维无纺布起褶皱。在弯道安装时若有不便,应尽量减少聚酯玄武岩纤维无纺布铺设长度。

(6)铺设后的聚酯玄武岩纤维无纺布两侧有喷洒外露的热黏结料时,应及时采用石屑撒盖,以免将封层黏起。

5)保养维护

(1)聚酯玄武岩纤维无纺布铺设施工完成后,在热黏结料未冷却至常温时,应禁止行人或车辆进入,以防止由于车轮黏油将聚酯玄武岩纤维无纺布带起或破坏。

(2)禁止任何车辆在聚酯玄武岩纤维无纺布上行驶时紧急制动或急转弯,以免对聚酯玄武岩纤维无纺布造成极大破坏。

6)铺筑新路面

(1)上层沥青混合料的摊铺最好在聚酯玄武岩纤维无纺布施工后隔天进行。

(2)摊铺过程中,如果运输车通行时出现聚酯玄武岩纤维无纺布黏轮现象,可以采用在聚酯玄武岩纤维无纺布表面撒热料的措施进行处理。

(3)沥青混合料摊铺时,运输车辆不得在聚酯玄武岩纤维无纺布上紧急制动或转弯。

4.7 计算结果分析

通过对半刚性基层沥青混凝土路面的断裂力学分析,得出如下几点结论:

(1)面层结构处于受压状态时,对称荷载对裂缝发展无贡献,偏载将导致面层的剪切型开裂,偏载是主要影响因素;当面层结构处于受拉状态时,对称荷载引起张开型开裂,偏载引起剪切型开裂。

(2)层间接触条件引起面层受力状态的变化,从而引发开裂模式的变化,层间接触连续时,面层的开裂模式为剪切型,层间接触光滑时,面层的开裂模式为张开型和剪切型并存。路面结构不同,面层受力状态不同,引起的开裂模式也不同,对于半刚性基层和刚性基层结构,面层的开裂模式主要是剪切型开裂,对于柔性基层结构,面层的开裂模式分为张开型和剪切型。

(3)土工布的桥联作用将降低裂缝尖端的应力集中程度,同时使裂缝尖端的受拉状态变为受压状态,消除张开型开裂,但对剪切型开裂无任何帮助。土工布与沥青层的联结状态越佳,越能发挥其桥联作用。土工布的模量及厚度的增加,对防止裂缝起一定的积极作用。

(4)单独增加面层和基层厚度对防治裂缝无明显作用,但同时适当增加面层和基层厚度,对防治反射裂缝是有明显帮助的。

4.8 小结

本章介绍了聚酯玄武岩纤维无纺布的生产工艺和材料特性,通过对聚酯玄武岩纤维无纺布复合沥青混合料进行一系列的性能试验,并与聚酯玻纤布和不贴布的情况比较分析,可得到如下结论:

(1)聚酯玄武岩纤维无纺布吸收黏层油后会改变层间接触状况,较同类土工布对层间黏结力影响小,喷洒不同量的热沥青对层间黏结力影响较大,为保证较好的层间黏结力,喷洒沥青用量应不小于纤维布的沥青吸收量。

(2)聚酯玄武岩纤维无纺布具有较高的断裂延伸率和抗拉强度,具有优异的加筋效果,可大大提高沥青面层的抗裂性能,和沥青黏结层形成了牢固的增强型复合材料,可以有效地消除路面结合处或裂缝处的应力集中，降低裂纹在路面层中的扩散，从而延长道路的使用寿命。

（3）聚酯玄武岩纤维布基本不渗水，与不低于沥青吸收量的黏层油一起，形成一个连续、完整、不变形的可靠的防水层。

5 玄武岩纤维增强沥青混凝土性能研究

5.1 玄武岩纤维简介

玄武岩纤维 GBF®是采用组分相近的玄武岩高温熔制而成的一种高性能无机纤维。以纯天然玄武岩矿石为原料,将矿石破碎后放进池窑中,经 1450 ~ 1500℃的高温熔融后,通过喷丝拉拔伸成连续纤维,如图 5-1 所示。玄武岩是由岩浆形成的基本矿石,因此,玄武岩连续纤维的制造省去了多种原料配料过程。同时,玄武岩在池窑熔化过程中,没有硼和其他碱金属氧化物析出,在池炉排放的烟尘中无有害物质,是 21 世纪又一种新型的环保纤维。玄武岩纤维和集料属于同一种材料(大部分都为玄武岩或者石灰岩),具有天然的与砂浆混凝土和沥青混凝土的亲和力和耐碱性,因此,能更有效地参与矿料和沥青混合料之间的结合。虽原料产地不同,但通过对玄武岩的筛选和组配,规模化生产的玄武岩连续纤维的成分目前已经基本稳定。图 5-2 是短切玄武岩纤维和矿物纤维的实物对照图,表 5-1 是两种纤维的主要成分对照。

玄武岩纤维和矿物纤维的成分对照 表 5-1

项目	SiO_2	Al_2O_3	CaO	MgO	$Na_2O + K_2O$	TiO_2	$Fe_2O_3 + FeO$	其他
含量(%)	57.2	18.2	5.5	5.0	4.6	1.0	8.1	0.4
	42.6	12.0	31.3	12.2	0.3	0.4	0.9	0.3

a)玄武岩石

b)连续玄武岩纤维

图 5-1　玄武岩石和连续玄武岩纤维

a)短切玄武岩纤维

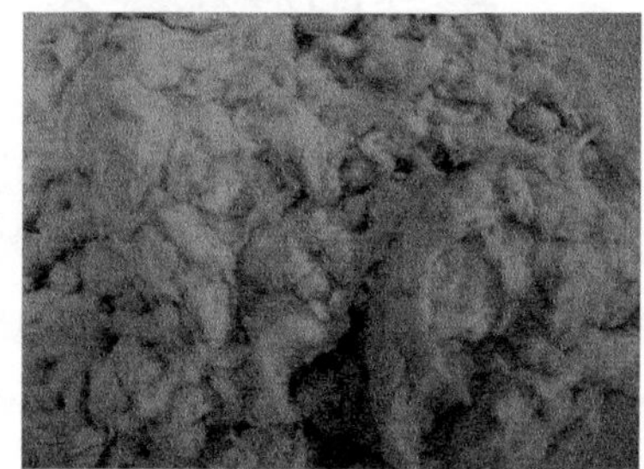
b)矿物纤维

图 5-2　短切玄武岩纤维和矿物纤维

5.2　原材料性能

5.2.1　玄武岩纤维性能检测

(1)密度测定

精确称量两份 GBF®纤维,放置在两个 400mL 的烧杯中。放入真空仪中,进行抽真空 15min,称量各项质量。玄武岩纤维体积密度测定见表 5-2。

玄武岩纤维体积密度测定　　表 5-2

纤维类型	A	B	C	D	E	F	G	H
体积密度(g/cm^3)	2.35	2.49	2.30	2.25	2.16	2.37	2.02	2.19
变异系数(%)	5.3	4.9	6.1	5.2	5.5	4.6	4.3	4.7

从上表可以看出，GBF®纤维的密度比玄武岩矿石的密度（约3.0）稍小，但远大于木质素纤维和聚酯纤维的密度。

（2）力学性能

纤维作为一种改善沥青混合料性能的加筋材料，其自身的物理力学性能决定了纤维对沥青混合料性能的增强效果。反映纤维力学性能的指标主要有抗拉强度、弹性模量、极限延伸率。表5-3为某玄武岩纤维与木质素纤维和聚酯纤维的力学性能比较。

常见路用纤维力学性能比较 表5-3

纤维种类	拉伸强度（MPa）	弹性模量（GPa）	断裂伸长率（%）
玄武岩纤维	4100 ~ 4840	93.1 ~ 110	3.1 ~ 3.2
聚酯纤维	650 ~ 850	10.0 ~ 15.0	7 ~ 17
木质素纤维	560 ~ 610	3.5 ~ 7.5	10 ~ 25

由上表可以看出，相比木质素纤维和聚酯纤维，玄武岩纤维具有突出的拉伸强度、较高的弹性模量及适宜的断裂延伸率。就力学性能来看，是一种非常优异的加强纤维。

（3）吸持沥青能力

纤维的吸油性能反映了纤维吸持沥青的能力。采用网篮试验测定玄武岩纤维吸油率：精确称量两份5g纤维，放置在漏勺上，一起放入煤油中完全浸润5min后取出，手动上下抖动50次后称量其质量，从而得到纤维吸油的倍数。表5-4为玄武岩纤维与聚酯纤维、木质素的吸油率比较。

纤维吸油率比较 表5-4

吸油率（%）	玄武岩纤维	木质素纤维	聚酯纤维
	400	500	290

由上表可看出，玄武岩纤维的吸油率优于聚酯纤维，比木质素纤维稍低。木质素纤维在沥青混凝土中主要起吸附作用以减少沥青混凝土在高温时的析漏，加筋作用不明显；聚酯纤维主要是加筋作用，但由于聚酯纤维模量低、抗拉强度低，加筋效果不显著；玄武岩纤维具有上述两种纤维的综合作用。

(4)吸湿性能

精确称量两份100g玄武岩纤维,在相对湿度为90%的保湿箱中放置5d,测纤维的吸水率。表5-5为玄武岩纤维与聚酯纤维、木质素的吸水率比较情况。

纤维含水率比较 表5-5

吸水率(%)	玄武岩纤维	木质素纤维	聚酯纤维
	0.175	28.94	10.86

纤维的吸湿性能对纤维增强沥青混凝土具有重要意义。吸湿性大的纤维不仅存放时易吸水结团,降低拌和分散性,还会使纤维沥青界面产生湿胀,易造成沥青混凝土的水损害。玄武岩纤维较低的吸水率,有助于减少沥青路面水损坏。

(5)耐热性能

热拌沥青混凝土生产过程中必须经历接近200℃的高温,因此,要求添加的纤维具有一定的热稳定性,保证纤维不会在拌和、运输及摊铺施工过程中出现性能大幅度下降。为评价纤维的高温耐热性能,将纤维放入200℃烘箱中,放置2h后观察纤维颜色变化,见图5-3。

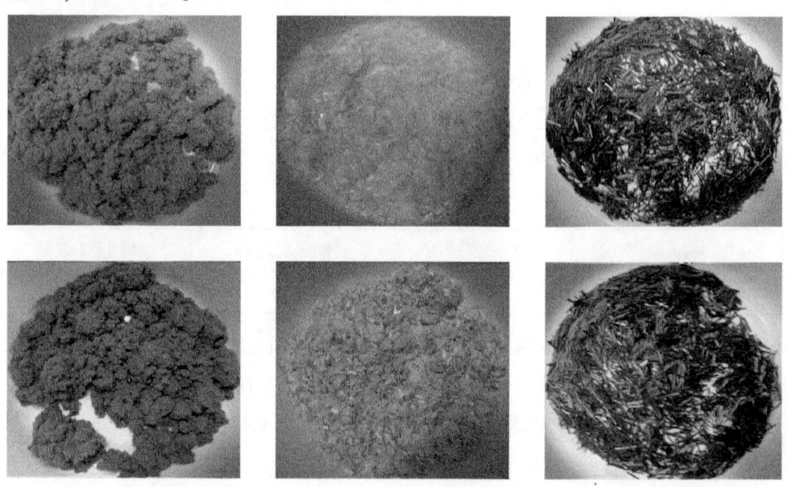

图5-3 木质素(左)、聚酯纤维(中)、玄武岩纤维(右)200℃烘箱老化情况

在200℃烘箱中放置2h，木质素纤维由灰色变为深棕色，有明显的焦煳味；聚酯纤维由白色变为淡黄色，略有煳味；玄武岩纤维颜色无变化，无不良气味。

5.2.2 原材料性能检测

采用工程常用的PG等级为76－22的SBS改性沥青，按照《公路工程沥青及沥青混合料试验规程》测试原材料的性能，检测原材料的各项技术指标见表5-6。

SBS改性沥青性能检测 表5-6

材料		SBS
密度(25℃)(g/cm^3)		1.030
针入度(25℃,100g,5s)(0.1mm)		56
5℃延度(5cm/min)(cm)		52
软化点$T_{R\&B}$(℃)		83
TFOT后残留物	质量损失(%)	0.02
	针入度比(25℃)	76.3
	延度(5℃)(cm)	23

室内试验采用的粗集料为玄武岩，细集料为石灰岩，各项指标检测见表5-7～表5-9。

玄武岩粗集料试验指标 表5-7

试验项目		试验指标
压碎值(%)		13.9
洛杉矶磨耗损失(%)		12.3
视密度(g/cm^3)	1号料	2.964
	2号料	2.954
	3号料	2.905
吸水率(%)		0.60
与沥青的黏附性(级)		5
针片状含量(%)		1.9

石灰岩细集料试验指标 表 5-8

试验项目	试验指标	试验项目	试验指标
视密度(g/cm^3)	2.640	砂当量(%)	78

矿粉试验指标 表 5-9

试验项目		试验指标
视密度(g/cm^3)		2.697
含水率(%)		0.20
粒度范围	<0.6mm(%)	100.0
	<0.15mm(%)	92.8
	<0.075mm(%)	85.3
外观		无团粒结块
亲水系数		0.75

5.2.3 混合料级配

室内试验研究采用上面层常用的 AC-13C 中值级配和 SMA-13 级配,如表 5-10 所示。

室内混合料用级配 表 5-10

筛孔尺寸(mm)	16	13.2	9.5	4.75	2.36	1.18	0.6	0.3	0.15	0.075
AC-13C	100	97.5	78.5	49	33	24	17	12.5	9.5	6
SMA-13	100	93.1	65.3	27.2	19.0	16.5	14.7	13.0	11.2	9.7

5.3 玄武岩纤维增强沥青胶浆性能研究

沥青胶浆作为沥青混合料的重要组成部分,对沥青混合料的性能有非常重要的影响。根据 SHRP 研究结果,沥青与矿粉对于高温车辙的贡献率为 29%,对疲劳的贡献率为 52%,对温度裂缝的贡献率为 87%。在混合料中,沥青吸附在填料表面形成薄膜并和填料一起组成沥青胶浆后,既对其他的粗细集料产生黏附作用,又起到填充粗细集料间空隙的作用,对沥青混合料强度的形成有着重要的影响。玄武岩纤维改性沥青胶浆是在沥青胶浆中掺入合适用量的玄武岩纤维形成,通过对纤维沥青胶浆的高温、低温和疲劳性能研究,深入了解玄武岩纤维及其掺量对沥青胶浆性能的影响。

按矿粉与沥青比 0.8:1,玄武岩纤维与沥青质量比为 0:1、0.005:1、0.01:1、0.015:1、0.02:1、0.025:1、0.03:1,通过胶体磨法在室内制备纤维沥青胶浆。

5.3.1 纤维沥青胶浆室内制备

胶体磨也称匀化机、匀油机、混炼磨等,是胶体磨法改性沥青生产设备的关键和核心。胶体磨法的工作原理是通过高速剪切,制备得到细密而均匀的改性沥青。改性剂在基质沥青呈细颗粒状分布,细度在 10μm 以下。本试验采用英国 Silveson 公司出产的 L4RT 型胶体磨制备改性沥青,其工作原理如图 5-4 所示。

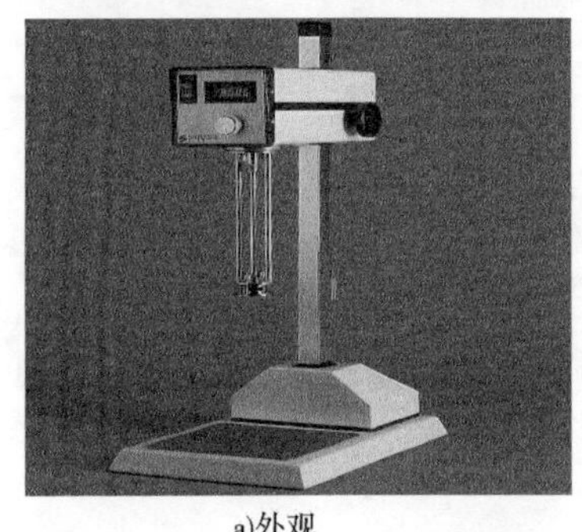

a)外观

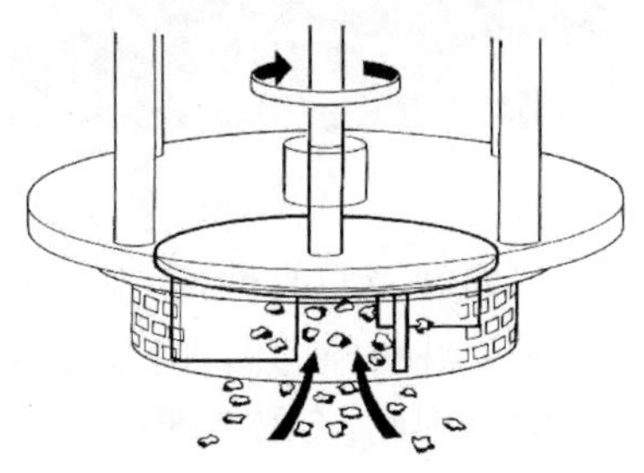

b)工作原理示意图

图 5-4 L4RT 型胶体磨

为了避免在胶体磨高速剪切下,纤维被打断、沿转子轴向爬杆包裹和向胶体底部聚集等现象,结合现有条件综合考虑,本试验选择手动搅拌法和胶体磨法相结合的方式制备纤维沥青胶浆。混合前将矿粉、纤维、搅拌棒(细铁棒)和胶体磨转子放入 120℃烘箱中,与沥青同时加热 1h。首先使用电热炉及红外温度计,使沥青温度达到 170℃,维持较好的流动性;在沥青中分批量加入玄武岩纤维,手动搅拌后再分批量加入矿粉一起搅拌 10 ~ 15min。将初步混合的纤维沥青胶浆,使用胶体磨持续高速剪切分散 2h,然后低速搅拌 30min,以排除气泡,使玄武岩纤维沥青胶浆均匀稳定。

5.3.2 纤维沥青胶浆高温性能研究

采用动态剪切流变试验和重复蠕变试验来评价纤维沥青胶浆的高温性能,这两个试验都在动态剪切流变仪(DSR)上完成,见图 5-5。

a)外观

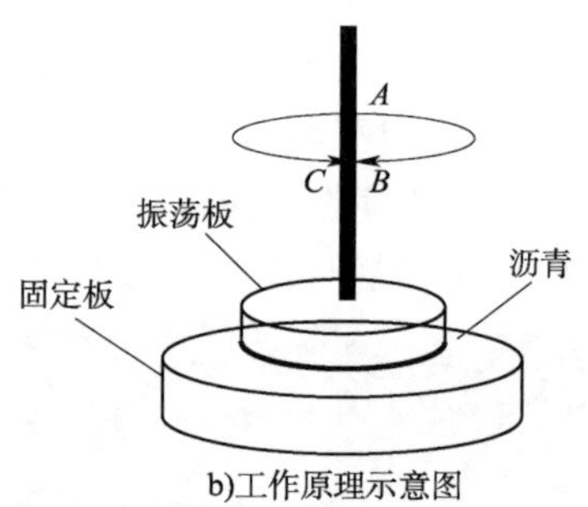

b)工作原理示意图

图 5-5 动态剪切流变仪(DSR)

不同剂量的改性剂,对沥青胶浆的改性效果也不同。同时,作为黏弹性材料的沥青胶浆,温度和频率对其力学性质会产生重要影响。因此,有必要研究沥青胶浆的力学性质随玄武岩纤维掺量、温度和频率的变化规律。

1)纤维掺量对沥青胶浆高温性能的影响

由于生产沥青胶浆所采用的改性沥青 PG 等级为 PG 76-22,剪切试验温度采用 76℃,剪切荷载的作用频率为 10rad/s。相关研究显示,采用车辙因子评价沥青胶浆的高温抗车辙性能时,相对于 SHRP 规范的 $G^*/\sin\delta$,Lenoble 方法的车辙因子 $G^*/\tan\delta$ 可更准确反映相位角的改变对实际抗车辙能力的影响,采用对数表示的($G^*/\sin\delta$)或 $\lg(G^*/\tan\delta)$ 与沥青混合料的动稳定度具有更好的相关性。试验结果如图 5-6 和图 5-7 所示。

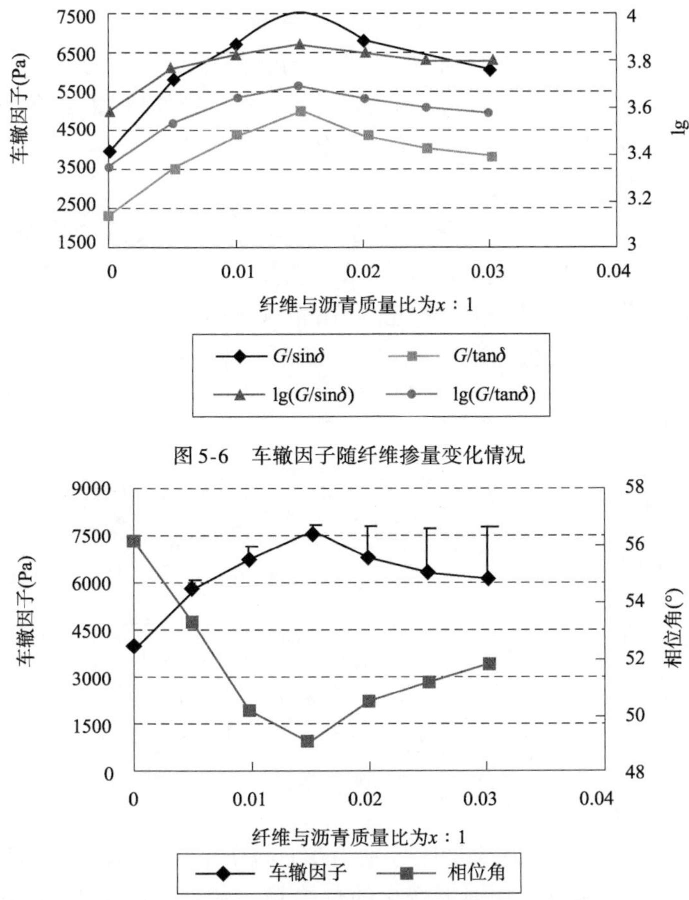

图 5-6　车辙因子随纤维掺量变化情况

图 5-7　沥青胶浆高温车辙指标随纤维掺量变化情况

从上图可看出：

(1)在沥青胶浆中加入玄武岩纤维,提高车辙因子降低相位角,表明玄武岩纤维的加入可以增加沥青胶浆黏弹性质中的弹性成分,同时增大剪切模量,改善沥青胶浆的高温稳定性。

(2)随着纤维掺量的增加,沥青胶浆的车辙因子先增大后减小,相位角先减小后增大,在纤维与沥青的质量比达 0.015:1 时,分别达到峰值和谷值。表明沥青胶浆中玄武岩纤维的剂量影响着纤维改善胶浆高温稳定的效果，存在剂量的临界值。

(3)试验过程中发现，在纤维与沥青质量比高于 0.02:1 时，DSR 试验结果变异性较大，主要是随纤维产量的增加，纤维在胶浆中的分散性变差，影响胶浆的整体均匀性。

2)温度对沥青胶浆高温性能的影响

由于沥青胶浆属于黏弹性材料，其黏弹性质必然会受到温度变化的影响。以玄武岩纤维与沥青质量比为 0:1 与 0.015:1 为例，剪切荷载的作用频率设定为 10rad/s，研究温度变化对沥青胶浆车辙因子及相位角的变化规律，结果见图 5-8。

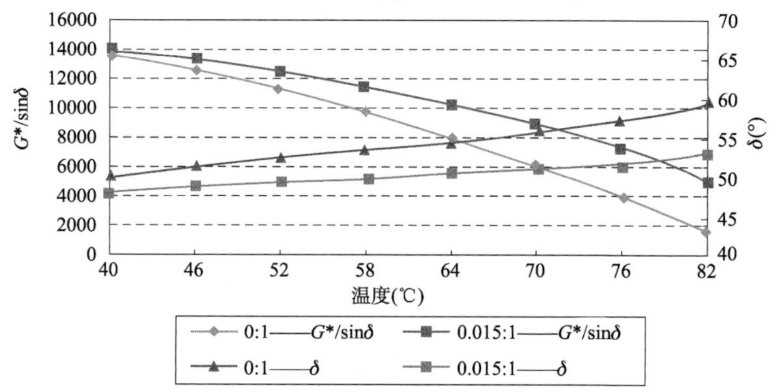

图 5-8　温度对沥青胶浆的车辙因子与相位角的影响

由上图可看出：

(1)纤维与沥青质量比分别为 0:1 与 0.015:1 的沥青胶浆，其车辙因子和相位角随温度变化的总体趋势相似，说明温度的影响是独立的，但掺入纤维可降低沥青胶浆的温度敏感性，且随着温度升高更加显著。

(2)随着温度升高，沥青胶浆的剪切模量减小，相位角增大。这是由于应变控制的 DSR 试验中，随温度升高，胶浆所受的剪应力减小。相位角随温度升高而增大，表明温度升高，使胶浆的弹性成分与黏性成分的比值降低。

3)频率对沥青胶浆高温性能的影响

沥青路面结构在行车荷载的作用下主要表现为动态加载效

应，在不同的荷载作用频率下，沥青材料会呈现出不同的黏弹性质。本研究对掺加0∶1与0.015∶1玄武岩纤维的两组沥青胶浆，在76℃条件下，进行0.01～100rad/s荷载作用频率下的动态剪切试验，试验结果见图5-9。

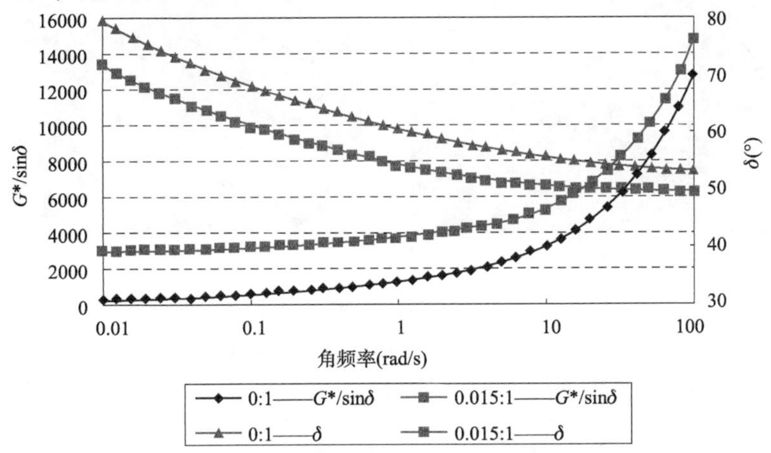

图5-9　荷载频率对沥青胶浆的车辙因子与相位角的影响

由上图可知：沥青胶浆的车辙因子随荷载作用频率的增大而增大，相位角则随荷载频率的增大而减小。这说明荷载作用频率越大，则单次荷载作用时沥青胶浆与外加荷载的作用时间越短，沥青胶浆产生的变形越小，导致剪切模量越大，而变形中的弹性成分增多，降低胶浆的相位角，增大了沥青胶浆的车辙因子。

5.3.3　纤维沥青胶浆低温性能研究

我国传统规范采用5℃延度评价SBS改性沥青低温抗裂性能。然而在低温时，沥青材料的极限变形量很小，延度所反映的宏观变形仅可作为评价参考。为更好地反映沥青胶浆低温抗裂性能，研究采用美国SHRP中的弯曲梁流变仪（BBR，图5-10），应用工程上梁的理论，通过测定沥青胶浆PAV残留物在路面低温设计温度下的蠕变劲度S和蠕变速率m，来反映沥青结合料的低温抗开裂能力。

试验期间，位移传感器监视着整个过程，在计算机屏幕上绘制随时间变化的荷载和变形曲线图，4min 后，试验荷载自动解除，流变仪计算蠕变劲度 S 和蠕变速率 m。

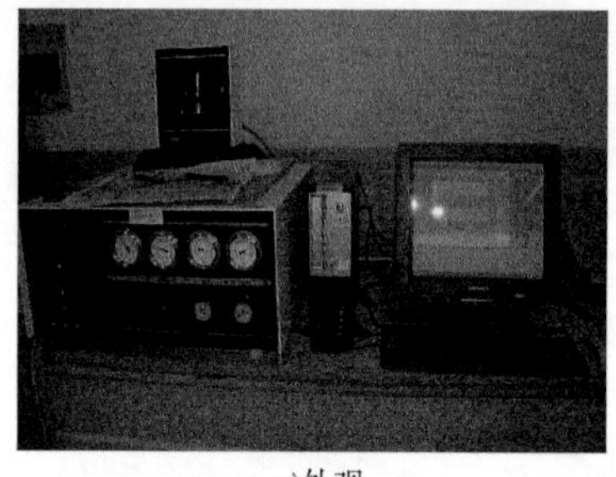

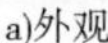

a)外观

b)加载系统

图 5-10　弯曲梁流变仪(BBR)

掺加不同玄武岩纤维剂量的沥青胶浆，BBR 试验中 60s 的劲度模量及其变化率趋势见图 5-11。

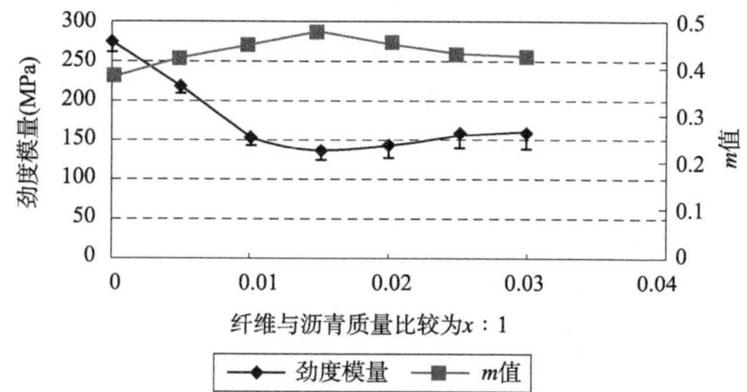

图 5-11　沥青胶浆的劲度模量及其变化率随玄武岩纤维掺量变化情况

由图 5-11 可以看出：

(1)随玄武岩纤维掺量的增加，沥青胶浆的劲度模量先减小后缓慢增大，m 值先增大后减小。劲度模量及其变化率分别在玄武岩纤维掺量 0.015:1 处，出现谷值和峰值。相对于不加纤维的情况，加入纤维后沥青胶浆的劲度模量大大降低。这说明在沥青胶浆中掺入玄武岩纤维，可以增强沥青胶浆的低温柔性，对应沥青混合料路面在低温时韧性较好，在车轮荷载作用下产生的弯拉应力较小,具有较好的低温抗裂能力。

(2)随着沥青胶浆中玄武岩纤维掺量的增加,BBR 试验结果变异性越来越大。当纤维与沥青的质量比超过 0.015:1 时,试验中劲度模量的最小值变化较小。这表明随纤维掺量增加,纤维在胶浆中的分散均匀性变差,增大了试验结果的变异性。

5.3.4 纤维沥青胶浆疲劳性能研究

沥青混合料的疲劳是材料在荷载重复作用下产生不可恢复的强度衰减积累所引起的一种现象。法国道桥中心试验室(简称LCPC)通过试验发现,沥青混合料中的疲劳破坏主要是由于沥青胶浆的开裂或损伤引起的,主要在后期发生,因此,要考虑路面长期使用的老化。本研究采用 SHRP 研究的胶结料老化方法,即采用长期压力老化方法,把胶结料试件暴露到加热和压力环境中,模拟路面在多年使用中的老化。

关于沥青胶结料抗疲劳性能的研究,目前使用较为成熟的指标主要有 SHRP 沥青胶结料规范中的 $G^* \sin\delta$ 评价指标。对玄武岩纤维与所掺沥青质量比分别为 0:1、0.005:1、0.01:1、0.015:1、0.02:1、0.025:1、0.03:1 的 7 种沥青胶浆,PAV 老化后,进行 31℃时的动态剪切流变试验,试验结果见图 5-12。

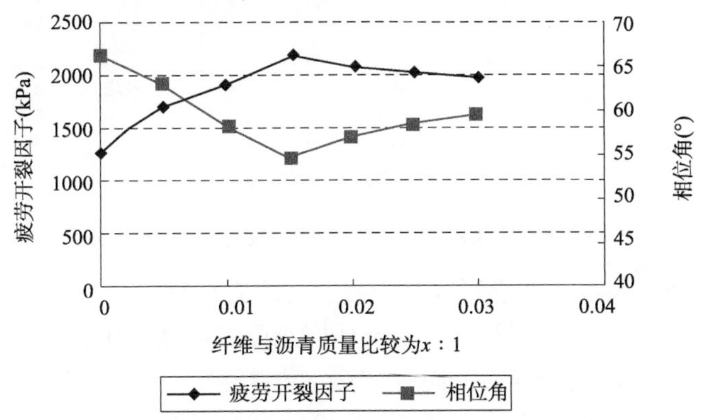

图 5-12 疲劳开裂因子与相位角随玄武岩纤维掺量变化曲线

由图 5-12 可以看出：

(1)随纤维掺量的增加，沥青胶浆的相位角明显降低，表明玄武岩纤维的掺入，提高了沥青胶浆中的弹性成分。当纤维与沥青的质量比超过 0.015∶1 时，继续掺加纤维，胶浆的相位角出现缓慢增大的趋势。这表明当胶浆中纤维掺量过多时，反而会降低胶浆中的弹黏性成分比例。

(2)掺加纤维的沥青胶浆的疲劳开裂因子 $G^* \sin\delta$ 均大于未加纤维的沥青胶浆，即降低了胶浆抗疲劳性能。这表明基于耗散能量的 $G^* \sin\delta$ 评价方法不适于评价掺加纤维改性的沥青胶浆的抗疲劳性能。

为了更好地研究玄武岩纤维对沥青胶浆的抗疲劳性能影响，对不同纤维掺量的沥青胶浆进行应变水平为 3%、加载频率为 10Hz、25℃条件下的 DSR 时间扫描试验，记录复数劲度模量下降到初始模量 50% 时的循环加载次数 N_{50}，即疲劳寿命，见图 5-13。

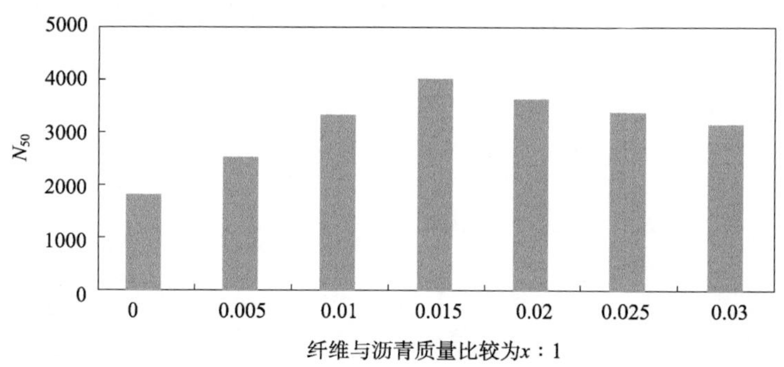

图 5-13　不同玄武岩纤维掺量的沥青胶浆的循环加载次数 N_{50}

由此可看出，在沥青胶浆中掺加玄武岩纤维，可提高当沥青胶浆的复数模量降低到初始模量 50% 时承受的荷载作用次数，即可延长沥青胶浆的疲劳寿命。同时，当玄武岩纤维与沥青的质量比达到 0.015∶1 时，纤维对沥青胶浆疲劳寿命提高幅度最为显著。

5.4 玄武岩纤维增强沥青混凝土性能研究

在室内纤维增强沥青胶浆研究的基础上,室内设计 7 种沥青混合料(表 5-11)进行室内路用性能试验,方案中对比分析玄武岩纤维与木质素和聚酯纤维增强沥青混凝土路用性能的作用效果。

沥青混合料类型编号 表 5-11

混合料类型	AC-13			SMA-13			
	无纤维	0.25% 聚酯	0.25% GBF®	0.3% 木质素	0.3% GBF®	0.1% 木质素 + 0.2% GBF®	0.2% GBF® + 0.1% 木质素
编号	AN	AB	AG	SM	SG	SMG	SGM

注:其中 SMG 与 SGM 的不同之处在于,SMG 是直接将 0.1% 木质素和 0.2% GBF®混合后,加入集料拌和,SGM 是先将 0.2% GBF®加入集料拌和均匀后,再加入 0.1% 木质素纤维拌和。

每组沥青混合料按照《公路工程沥青与沥青混合料试验规程》(JTJ 052—2000)❶的要求,分别在规定的试验温度及试验时间内用马歇尔仪测定稳定度和流值,同时计算空隙率、饱和度及矿料间隙率,然后按照《公路沥青路面施工技术规范》(JTG F40—2004)规定的方法确定最佳油石比。7 种沥青混合料的最佳油石比见表 5-12。

7 种沥青混合料的最佳油石比 表 5-12

类型	AN	AB	AG	SM	SG	SMG	SGM
油石比(%)	4.8	5.1	5.1	6.0	5.85	5.9	5.9

5.4.1 GBF®与聚酯纤维和木质素增强沥青混凝土性能比较

沥青混合料通常用于铺筑路面的面层,直接承受车辆荷载的

---

❶ 已被《公路工程沥青及沥青混合料试验规程》(JTG E20—2011)替代,该规范于 2011 年 12 月 1 日起施行。

反复作用和各种自然因素的长期作用。为了能使路面为交通车辆提供安全、舒适、稳定、耐久的服务，沥青混合料必须具有高温稳定性、低温抗裂性、耐久性、抗滑性及施工和易性。本研究采用多种不同的试验方法比较7种沥青混合料的力学性能、水稳定性、高温稳定性、低温性能及疲劳性能，对比分析不同纤维对沥青混合料路用性能的影响。

1)高温性能试验

沥青混合料是一种黏弹性材料，本试验通过车辙试验和60℃动态蠕变试验，对7种沥青混合料的高温稳定性进行评价。

依据《公路工程沥青及沥青混合料试验规程》(JTJ 052—2000)的试验方法进行车辙试验测试，试验结果见图5-14。

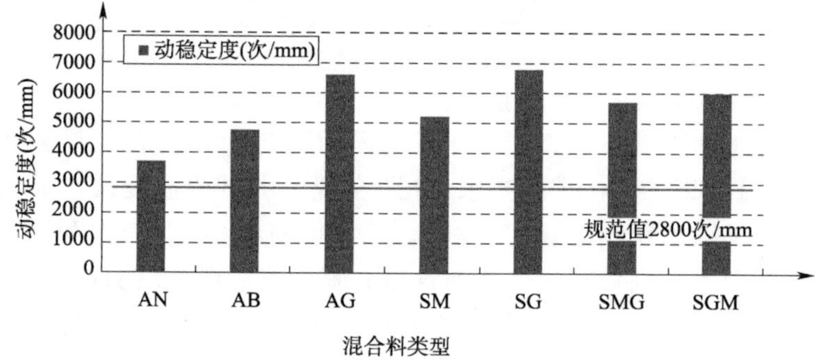

图5-14　车辙试验结果

采用60℃动态蠕变试验来评价混合料的高温性能。具体试验过程参照了美国规范中的动态蠕变试验及NCHRP(National Cooperative Highway Research Program)推荐的Simple Performance Test中的重复加载永久变形试验。

从车辙试验和60℃动态蠕变试验可以看出：

(1)SMA-13沥青混合料的动稳定度普遍高于AC-13C，累积变形也小得多，这说明SMA级配充分利用了集料的嵌挤作用，更适应高温地区沥青路面应用。

(2)加入纤维后，所有混合料的动稳定度和流动荷载作用次数$F(n)$值均有所提高，且GBF® > 聚酯纤维，GBF® > GBF®与木

质素混合 > 木质素，说明玄武岩纤维在提高沥青混合料高温性能方面效果更显著。

(3)由图 5-15 可见，各混合料初始阶段（迁移期）发展趋势基本相同，第二阶段（稳定期）的应变累积率依次为：不加纤维 > 聚酯纤维 > GBF®，木质素 > GBF®与木质素混合 > GBF®。蠕变试验的这个结果进一步说明玄武岩纤维增强沥青混凝土高温性能效果显著。

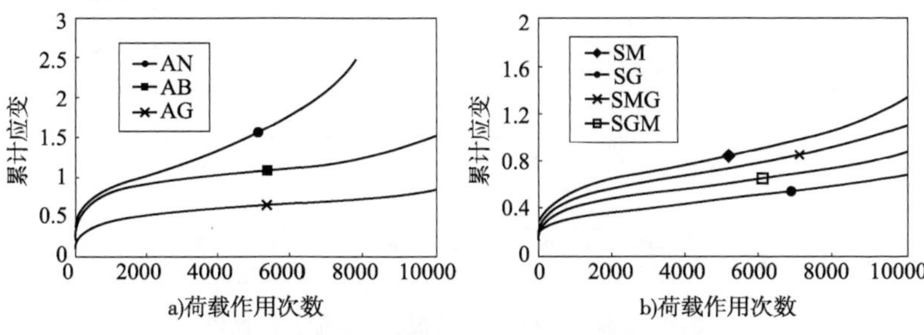

图 5-15　累积应变与荷载作用次数关系图

(4) SMA-13GBF® 沥青混合料的高温稳定性要明显优于 SMA-13 木质素的高温稳定性，表明沥青混合料的高温稳定性并不取决于纤维稳定剂吸油率的大小，而是受纤维净吸持沥青能力和纤维的力学性能因素综合影响。

2)低温性能试验

沥青混凝土使用过程中的开裂是世界各国沥青路面普遍存在的问题，裂缝形成的主要原因是寒冷季节周期性变化所产生的温度应力，这个力所做的功导致一定的能量积累，如果该能量达到沥青混凝土本身容许的极限程度时，沥青混凝土就会破坏，形成裂缝。

根据 T 0715—1993，试验温度为 -10℃，加载速率为 50mm/min，在 UTM 下进行三分点小梁加载。试件制作方法为：在由轮碾成形的板块状试件上用切割法制作棱柱体试件，试件尺寸符合长 250mm ± 2mm、宽 30mm ± 2mm、高 35mm ± 2mm 的要求，跨径为 200mm。试验结果见图 5-16。

由图 5-16 可知：

(1)各种混合料的低温弯曲破坏应变均大于 2800με，满足规范要求。

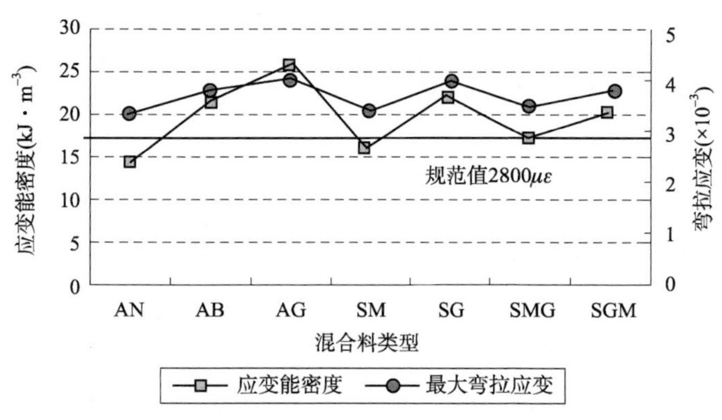

图 5-16 路用纤维增强沥青混凝土低温性能比较

(2)加入纤维可以增强混合料低温抗裂性能，GBF®增强效果最为显著，表现为小梁弯拉应变和应变能密度明显增大。

(3)在 SMA 路面结构中掺入 GBF®，可以提高储存破裂能量，增强低温抗裂性能，增强效果明显优于木质素、木质素与 GBF®混合纤维。

3)水稳性能试验

水损害是沥青路面早期破坏的一种最常见的破坏模式。在雨季或初春冻融期间，水经沥青路面孔隙、裂缝进入沥青路面内部后，在车轮轮胎动态荷载产生的动水压力或真空抽吸冲刷的反复作用下，水分逐渐渗入沥青与矿料的界面或沥青内部，使沥青与矿料之间的黏附性降低并逐渐丧失黏结能力，从而使沥青膜逐渐从矿料表面剥离，沥青混合料掉粒、松散，因此，沥青混合料的水稳定性最终是由浸水条件下沥青混合料物理力学性能降低程度来表征的。

依据《公路工程沥青及沥青混合料试验规程》进行浸水马歇

尔试验。首先采用最佳油石比成型标准马歇尔试件，试件分两组，每组4个平行试件。一组在60℃水浴中保养0.5h后测其马歇尔稳定度 S_1；另一组在60℃水浴中恒温保养48h后测其马歇尔稳定度 S_2；计算残留稳定度 $S_0 = S_2/S_1 \times 100\%$。

冻融劈裂试验试件击实次数为正反两面各50次，将试件随机分为两组，每组4个。每组试件以标准的饱水试验方法真空饱水，放入塑料袋中加入约10mL水，扎紧袋口，放入-18℃的冰箱保持16h，取出试件，撤去塑料袋，立即放入60℃的恒温水槽中保持24h。然后，将两组试件全部浸入温度为25℃的恒温水槽中，2h后进行劈裂试验，计算冻融劈裂抗拉强度比。路用纤维增强沥青混凝土水稳性能比较见图5-17。

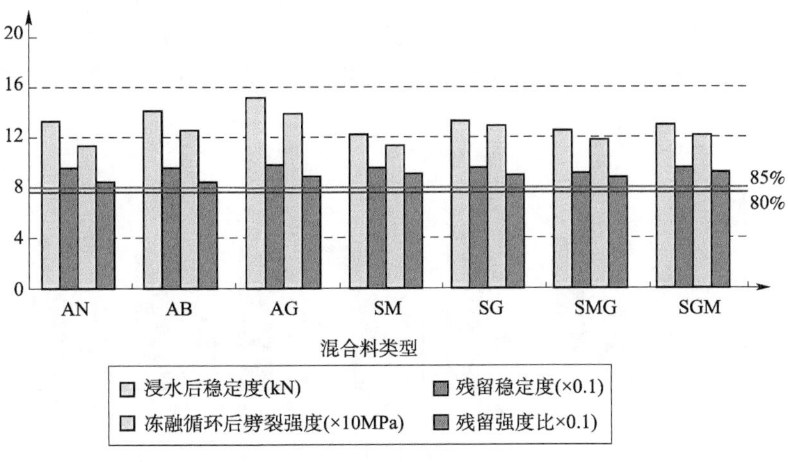

图5-17　路用纤维增强沥青混凝土水稳性能比较

由上图可以看出：

(1)各类沥青混合料残留稳定度大于85%，残留强度比大于80%，耐水损害能力均满足规范要求。

(2)GBF®对密级配沥青混合料耐水损害能力的改善幅度比聚酯纤维要好，表现为残留稳定度和劈裂强度比明显增大。

(3)GBF®与木质素作为SMA混合料的纤维稳定剂，改善SMA沥青混合料的水稳定性效果相当。由于木质素容易吸水受潮，在路面使用过程中，容易因水分入侵使纤维沥青界面产生侵蚀膨胀，使矿料与沥青界面剥离，降低水稳性能。而GBF®基本不吸水，在路面服务寿命期，可以保证长久良好的耐水损害性能。

4)力学性能试验

采用常温小梁弯曲试验来评价各种沥青混合料的力学性能。常温弯曲小梁用于测定热拌沥青混合料在规定温度和加载速率时弯曲破坏的力学性质。根据《公路工程沥青及沥青混合料试验规程》，试验温度为15℃，加载速率为50mm/min，在UTM下进行三分点小梁加载。试件制作方法为：在由轮碾成型的板块状试件上用切割法制作棱柱体试件，试件尺寸符合长250mm ± 2mm、宽30mm ± 2mm、高35mm ± 2mm的要求，跨径为200mm。试验结果如图5-18所示。

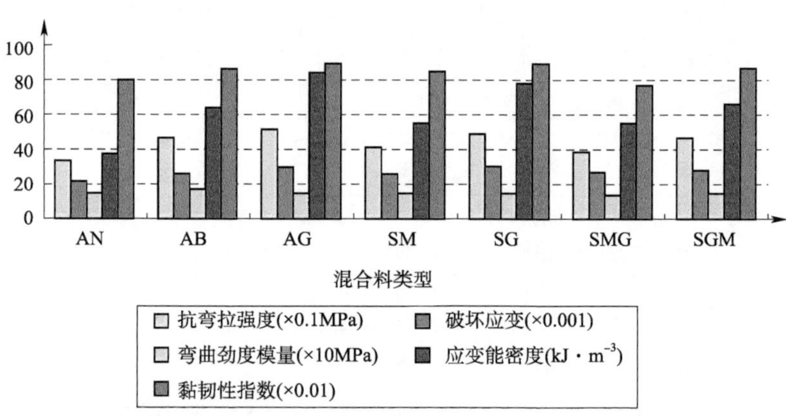

图5-18　路用纤维增强沥青混凝土力学性能比较

由上图可以看出：

(1)破坏劲度模量作为弯拉强度与破坏应变的比值，不能全面反映沥青混合料的力学性能。弯曲应变能密度是抗拉强度与破坏应变下包围的面积,体现沥青混合料破坏前储存能量的能力,可作为沥青混合料力学性能的评价指标。

(2)在密级配沥青混凝土和SMA级配中加入GBF®,既具有较大的抗拉强度,又具有较大的破坏拉伸应变,力学性能明显优于添加聚酯纤维和木质素。

(3)掺加GBF®的沥青混合料黏韧性指数较大,说明在达到最大应力后,仍能在较大的应变范围内维持较大的应力,因而具有较好的黏韧性。

另外,常温弯曲试验过程中发现,加入0.25% GBF®的沥青混合料,小梁弯曲试验持续时间最长,从裂缝的产生、扩展直至试件断裂明显延长,体现出GBF®的加入,可以加强沥青混凝土,阻止裂缝的产生,延缓裂缝的发展,从而提高沥青混凝土的抵抗裂缝开裂的性能。

5)耐疲劳性能

本研究过程中采用应用较广泛的弯曲疲劳试验来研究沥青混合料的抗疲劳性能。目前弯曲疲劳试验有应力控制和应变控制两种主要的控制模式。本研究采用应变控制的弯曲疲劳试验进行沥青混合料抗疲劳性能研究。加载方式为三分点加载,以沥青混合料劲度下降到初始劲度的50%的作用次数来比较混合料的疲劳性能。试验结果如图5-19所示。

由此可知:

(1)应变水平与疲劳寿命及累计能耗呈良好的双对数线性关系,累计能耗的变异系数比疲劳寿命的变异系数小,表明累计能耗值较疲劳寿命稳定,以累计能耗指标评价疲劳性能更合理。

(2)在沥青混合料中掺加玄武岩纤维可以大大提高其抗疲劳性能。1000με应变水平下,聚酯纤维沥青混合料的疲劳性能为无纤维沥青混合料的1.8倍,玄武岩纤维沥青混合料疲劳性能为无纤维沥青混合料的2.7倍。

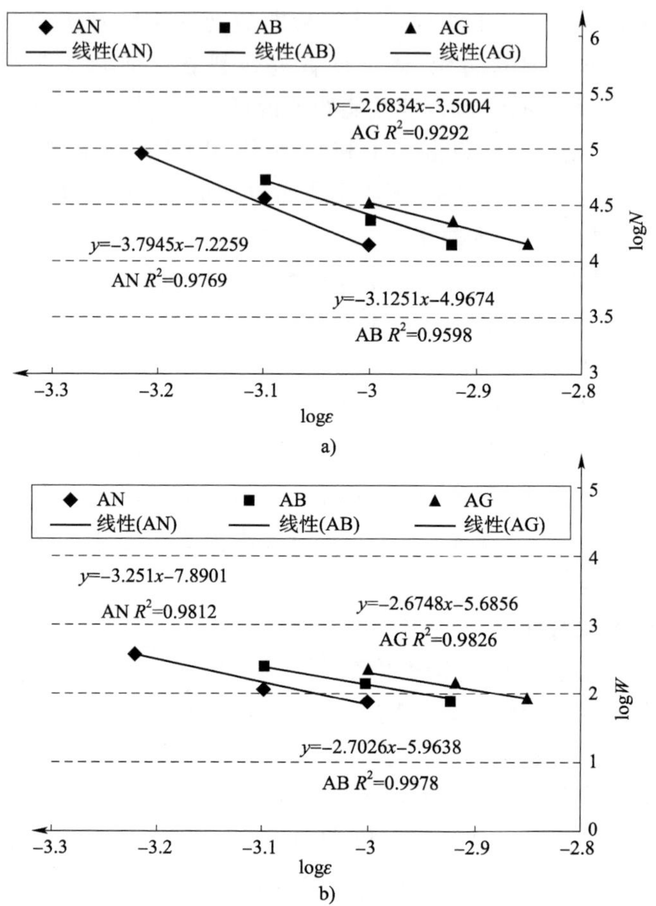

图 5-19　应变水平与疲劳寿命、总能耗的回归曲线

5.4.2　施工工艺及注意事项

通过室内试验和试验路铺筑，对掺加玄武岩纤维的沥青混合料的施工工艺进行了研究，与一般沥青混合料混合料相比，施工及养护工艺基本相同，只是在以下三点上有所差别：

(1)纤维投放

根据每次搅拌沥青混凝土的方量，按照实际配合比要求或建议掺量,正确计量每次加入的纤维质量,并预先将纤维包装成固定质量的塑料小包。在集料干拌开始,沥青还未加入及湿拌未开始时,将称量好的小包纤维投入到拌和楼中,以保证纤维随集料充分搅拌、分散。在沥青混合料中添加玄武岩纤维,可采用手工投入方式,利用拌和楼侧面的观察窗,由工人直接将预定质量的纤维投入拌和楼,见图 5-20a)。由于玄武岩纤维比较扎手,工人最好带上塑胶手套,也可以采用自动投放设备投放,见图 5-20b)。

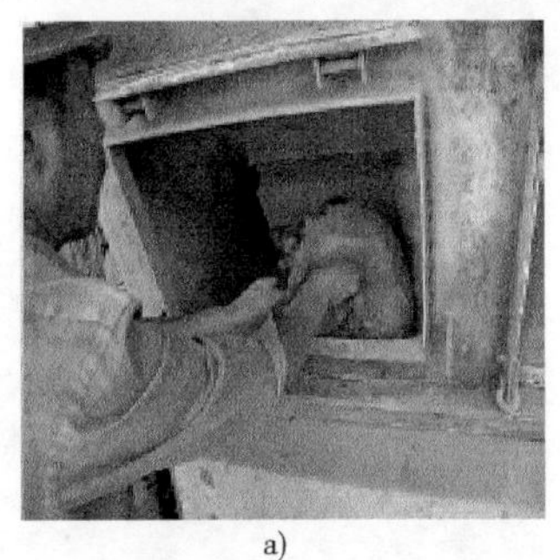

a)

b)

图 5-20　纤维投放

(2)拌和

与一般沥青混合料相比,掺加玄武岩纤维后,增加了混合料均匀拌和的难度,为确保玄武岩纤维在沥青混合料中分散均匀,需将拌和时间适当延长,一般需要增加干拌时间 5 ~ 10s,湿拌时间延长 5 ~ 15s;拌和时的矿料、沥青加热温度与拌和温度可参照改性沥青。拌和后的混合料应该均匀,无细料和粗料分离、花白、纤维结成团块等(图 5-21)。拌和完成后应随机取样,如纤维已均匀分散成单丝状,则沥青混合料可投入使用,如果仍有成团、束状纤维,则再延长拌和时间 15 ~ 30s 即可使用。

(3)摊铺、碾压

掺加玄武岩纤维通常会增加沥青混合料的压实难度,为了保证玄武岩纤维沥青混合料的摊铺、压实效果,应确保出料温度和碾压温度,宜采用中强夯等级的摊铺机,保证路面初始压实度不小于 85%,碾压时适当增加压实功,宜采用大吨位压路机,紧跟慢压、高频低幅，增加碾压3～4遍即可(图5-22)。

图5-21　玄武岩纤维沥青混凝土

a)摊铺

b)碾压

图5-22　现场摊铺碾压

5.5　小结

(1)通过对玄武岩纤维的成分、密度、力学性能、沥青吸持能力及吸湿性能的测试，证实了玄武岩纤维具有高吸油率、高强度、高模量、低吸湿性，是一种性能优异的路用纤维。

(2)在沥青胶浆中掺入纤维，可大幅度提高沥青胶浆的高温性能，同时加强沥青胶浆的韧性，从而提高沥青胶浆的低温性能和疲劳性能。同时，纤维的用量对沥青胶浆的性能提升也有显著影响，随纤维掺量增加，纤维对沥青胶浆的改善效果增强，当超过一定的剂量后，改善效果有所降低，因此存在一定的合适剂量。

(3)玄武岩纤维明显改善了沥青混合料的路用性能，尤其在高温稳定性、低温抗裂性和抗疲劳性能方面，效果极为显著，与不加纤维的沥青混合料相比，高低温性能提高幅度分别为80%左右，疲劳寿命提高了1.87倍。性能提升的效果优于目前工程中常用的添加聚酯纤维和木质素纤维。

(4)在沥青混合料中加入玄武岩纤维，可以明显增强沥青混合料浸水和冻融循环后的强度，残留稳定度和残留强度比均有所提高，确保路面具有长期良好的耐水损害能力。

(5)在SMA中掺加复合纤维，不同的添加方式对混合料性能影响较大。先加0.2% GBF®与集料搅拌混合，再加0.1%木质素混合，这种拌和方式增强SMA级配混合料的耐水损害能力效果突出，在高温稳定性、低温抗裂性和力学性能方面稍逊于添加0.3% GBF®。在水稳性能没有特别要求的路面，可采用直接掺加0.3% GBF®方法，方便快捷，同时可获得较好的路用性能。

6 结论与展望

6.1 主要结论

本研究的主要目的是解决河北半刚性基层沥青路面开裂病害难题,从材料和结构两个方面研究可行的技术方案。本次研究主要得到以下结论:

(1)水泥稳定碎石基层采用较低剂量3%,强度能满足规范和路用要求,对沥青面层抗疲劳没有不利影响。变化水泥稳定碎石基层模量直至规范取值范围,沥青面层基本处于受压状态,说明该结构层作为承重层从强度上讲是满足要求的。另外,由于低剂量水泥稳定碎石基层干缩较小,在薄层沥青路面设计中可以采用低剂量水泥稳定碎石基层防治反射裂缝。

(2)对防止低剂量水泥稳定碎石基层自身疲劳开裂,可以增加水泥稳定碎石基层厚度,建议水泥稳定碎石基层厚度取20~22cm较为经济;此外,也可以提高底基层模量。因此,对于低剂量水泥稳定碎石基层的路面结构,可尽量采用半刚性底基层。

(3)在半刚性基层和沥青面层间铺设级配碎石层是防治反射裂缝的有效手段。由于此时级配碎石层模量较低,面层底部拉应力较大,为了防止面层疲劳开裂,获得高密度、高模量的级配碎石,必须精心控制集料最大粒径、级配和碎石层厚度(10~15cm)。同时,在施工过程中需要在小于或等于最佳含水率时尽量提高其密实度。

(4)级配碎石材料位于底基层时,回弹模量可以取1000~

2000MPa，位于水泥稳定碎石基层上方时，回弹模量可取 400 ~ 600MPa。可以通过增加面层厚度、提高级配碎石基层模量，来减少路面表层剪切应力和层间剪切应力。对于水泥稳定碎石基层与面层间设置级配碎石层的沥青路面，水泥稳定碎石基层模量对沥青面层拉应力影响不大，可以采用低剂量的水泥稳定碎石材料，以降低造价。

(5)土工布的桥联作用将降低裂缝尖端的应力集中程度，同时，使裂缝尖端的受拉状态变为受压状态，消除张开型开裂，但对剪切型开裂无任何帮助。土工布与沥青层的联结状态越佳，越能发挥其桥联作用。土工布的模量及厚度的增加，对防止裂缝起一定的积极作用。

(6)开发的聚酯玄武岩纤维无纺布具有较高的断裂延伸率和抗拉强度，具有优异的加筋效果，可大大提高沥青面层的抗裂性能。该土工布吸收黏层油后，较同类土工布对层间黏结力影响小，因此对层间抗剪有利。因此，铺设聚酯玄武岩纤维布对提高路面的使用寿命是十分有利的。

(7)通过对玄武岩纤维成分、密度、力学性能、沥青吸持能力及吸湿性能的测试，证实了玄武岩纤维具有高吸油率、高强度、高模量、低吸湿性，是一种性能优异的沥青路面路用纤维。

(8)在沥青胶浆中掺入纤维，可大幅度提高沥青胶浆的高温性能，同时加强沥青胶浆的韧性，从而提高沥青胶浆的低温性能和疲劳性能。纤维的用量对沥青胶浆的性能也有显著影响，随纤维掺量增加，纤维对沥青胶浆的改善效果增强，当超过一定的剂量后，改善效果有所降低，因此存在一定的合适剂量。

(9)玄武岩纤维明显改善了沥青混合料的路用性能，尤其在高温稳定性、低温抗裂性和疲劳性能方面，效果极为显著，与不加纤维的沥青混合料相比，高低温性能提高幅度均约为 80%，疲劳寿命提高了 1.87 倍。性能提升的效果优于目前工程中常用的添加聚酯纤维和木质素纤维。

6.2 今后展望

通过本次研究,解决了一些工程应用实际问题,但也存在一定的缺憾,必须在今后进一步改进完善,主要表现在以下三个方面:

(1)由于级配限制,试验路中级配碎石过渡层的方案未能实施,难以对试验路性能进行全面评价。

(2)由于生产工艺的限制,聚酯玄武岩纤维布的部分性能指标仍有不足。

(3)玄武岩纤维增强沥青胶浆和沥青混凝土性能的机理未能从力学层次进行深入分析,同时,纤维对胶浆性能与混凝土性能的增强的对应关系难以建立。

参考文献

[1] 沙庆林. 高等级公路半刚性基层沥青路面[M]. 北京:人民交通出版社,1999.

[2] 江苏省交通科学研究所,等. “高等级公路二灰碎石基层裂缝机理及防治措施的研究”,1997.

[3] A. 凯滋迪. 稳定土路面[M]. 张起森,梁锡三,译. 北京:人民交通出版社,1989.

[4] 邓学钧. 路基路面工程[M]. 北京:人民交通出版社,2000.

[5] 方福森. 道路工程[M]. 北京:人民交通出版社,1996.

[6] 沙爱民. 半刚性路面材料结构与性能[M]. 北京:人民交通出版社,1998.

[7] 中华人民共和国行业标准. JTJ 034—2000 公路路面基层施工技术规范[S]. 北京:人民交通出版社,2000.

[8] 陈魁. 试验设计与分析[M]. 北京:清华大学出版社,1996.

[9] 严家伋. 道路建筑材料[M]. 北京:人民交通出版社,1994.

[10] 黄学文、张正峰. HNF-6 高效缓凝阻裂剂在水泥稳定碎石基层中的应用研究[J]. 公路交通科技,2001-2.

[11] 中华人民共和国行业标准. JTJ 051—93 公路土工试验规程[S]. 北京:人民交通出版社,1993.

[12] 中华人民共和国行业标准. JTJ 053—94 公路工程水泥混凝土试验规程[S]. 北京:人民交通出版社,1994.

[13] 中华人民共和国行业标准. JTJ 058—2000 公路工程集料试验规程[S]. 北京:人民交通出版社,2000.

[14] 中华人民共和国行业标准. JTJ 057—94 公路工程无机结合料问的材料试验规程[S]. 北京:人民交通出版社,1994.

[15] 胡应德,曹恒进,曹阳.二灰碎石抗裂外掺剂的开发研究及应用[J].华东公路,2002(3).

[16] 廖公云.水泥稳定粒料收缩特性研究[D].南京:东南大学,2001.

[17] 同济大学道路与交通工程研究所.半刚性基层沥青路面[M].北京:人民交通出版社,1991.

[18] 陈晔,张起森.纤维加固土路面基层的研究与应用[M].北京:人民交通出版社,1995.

[19] W · L · Goecker, Z · C · Moh, D · T · Davidson and T · Y · Chu. Stabilization of Fine and Various Commercial Limes for Soil Stabilization. HRB Bull. 335, 1962.

[20] 张登良.加固土原理[M].北京:人民交通出版社,1990.

[21] 张智强,周进川. SBS 对基质沥青低温性能改善效果研究[J].重庆建筑大学学报,2014,26(3):89-92.

[22] NCHRP9-10. Characterization of modified asphalt binders in superpave mix design[R]. NationAcademy Press. 2001:59-68.

[23] Bahia. H. U. D. A. Anderson. The SHRP binder rhelogical parameters: Why are they required and how do they compare to conwentional properties? [J]. Transportation Research Record. 1995(1488):32-39.

[24] David A. Anderson, Yann M. Le Hir. Evaluation of Fatigue Criteria for Asphalt Binders. Transportation Research Record: Journal of the Transportation Research Board, Issue: Volume 1766 / 2001, P48-56.

[25] 孟勇军,张肖宁.添加剂对沥青胶浆高温性能的影响[J].公路交通科技,2006,26(12):14-17.

[26] Dr. Louay Mohammad. Investigation of the behavior of asphalt tack coat interface layer. LTRC Project Capsule 00-2B, 2002. 8.

[27] Julie E. Kliewer, Huayang Zeng, and Ted S. Vinson. Aging

and Low-Temperature Cracking of Asphalt Concrete Mixture [J]. Journal of Cold Regions Engineering, September 1996: 134-148.

[28] AASHTO Provisional Standard. Standard Test Method for Thermal Stress Restrained Specimen Tensile Strength [S]. AASHTO Designation: TP10-93, 1996.

[29] 尹应梅. 聚酯玻纤布在高速公路罩面工程中的应用研究[D]. 南京:东南大学,2005.

[30] 朱玉. 旧水泥混凝土路面薄层沥青混凝土加铺技术研究[D]. 南京:东南大学,2010.

[31] Andrew Franz Braham. Fracture Characteristics of Asphalt Concrete in Mode Ⅰ, Mode Ⅱ and Mix-Mode [D]. USA: Graduate College of the University of Illinois at Urbana-Champaign, 2008.